JN289153

叢書 THINK OUR EARTH
2 地球発見

東南アジアの魚《うお》とる人びと

田和正孝

ナカニシヤ出版

魚とる舞台

❶　シーカオ湾遠望。南タイ、アンダマン海側に広がる浅海。石灰岩質の島なみが独特の景観をつくりだす。エビ刺網、カキ養殖、ハタの稚魚採取など、小規模だが多様な漁業が営まれる。

❷　タイランド湾沿岸のクリーク。タータムチャム村の背後に広がるマングローブクリーク。荒天となる雨季に海に出漁できない漁業者にとって、エビやカニを獲る重要な漁場となる。

❸　パナイ島サピアンの立地環境。高台からサピアン湾を望む。手前から、傾斜地の畑作地、水田、養魚池、クリーク、再び養魚池、そしてサピアン湾へと続く。

漁村の風景

❹ 水上居民の船ももやう香港の離島、長洲島。島には海鮮料理を求めて多くの観光客が訪れる。

❺ マレー半島東海岸、パハン川河口に立地する漁村クアラパハン。砂浜に魚干棚が並ぶ。

（右）
❻　活きた魚、エビ・カニ、貝が並ぶ活魚店の店頭。客は好みのものを求め、それをレストランに持ちこむ。：香港、西貢

（右下）
❼　香港仔に水揚げされた高級魚ナポレオンフィッシュ（メガネモチノウオ）。フィリピン近海で獲れたものという。

（下）
❽　活魚水槽。これから香港へ空輸される魚には活力剤が投与されるという。手前に注射器が置かれている：インドネシア、ウジュンパンダン、パオテレ

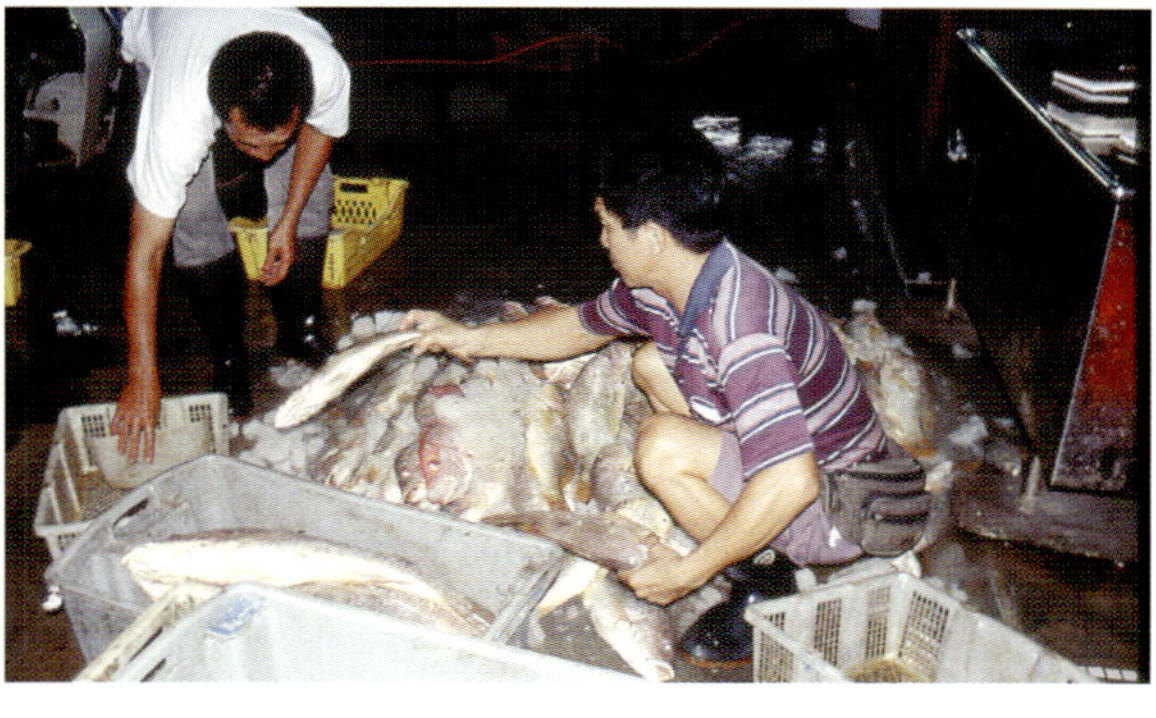

❾　インドネシア、スマトラ島東海岸で獲れた魚がマラッカ海峡を越えてマレーシアに届く。近年、両国間で拡大する水産物流通：マレーシア、ジョホール州パリジャワ

ポピュラーな魚の加工法・塩干魚

❿ 「塩干魚のふるさと」ともいわれるマレー半島東海岸トレンガヌ州スブランタッキール漁村の魚干しの風景。対岸は州都クアラトレンガヌ。

⓬ 手前はサメ肉を塩干ししたもの。kg単価８リンギットは日本円で約250円。

⓭ マレー半島東海岸、ケランタン州コタバル周辺だけにみられる特徴的な塩干魚イカンブドゥ。

⓫ コンクリート製の樽いっぱいに漬けこまれたアジ科のチンチャルー：スブランタッキール

まえがき

ここ十数年、毎年のように島嶼《とうしょ》東南アジアの海辺を歩いてきた。マングローブ湿地や延々と続く砂浜海岸、サンゴ礁の小島で、小規模な漁業を営む多くの人びとに出会った。彼／彼女らは、海の利用方法や生活様式など、様々なことを私に教えてくれた。本書は、このような「魚とる人びと」に注目して、東南アジアの沿岸漁業地域を描くものである。

本書で使う「魚とる」という言葉にはたくさんの意味がある。「とる」を漢字で表現してみると、語呂合わせのようだが、「採る」、「獲る」、「取る」、「摂る」、それに「盗る」や「捕る」があてはまる。漁業というなりわいを考えるとき、沿岸で海洋性の小動物や海草を得る行為は採捕することであり、「採る」と「捕る」があわさったものとなる。そして「獲る」は一般的に漁獲を意味することばである。これらは本書のもっとも基礎的な部分を占める生産の場を扱う「とる」ということができる。

漁業には、海上での生産に続いて漁港や海岸での水揚げがあり、さらに水揚げした魚を取引する流通がある。これらがいわば「取る」行為に相当する。本書では直接、水揚げと流通だけに焦点をあてることは少ないが、地域をつなぐ人とモノについて語る活魚《かつぎょ》生産にみる場所の結合や水産物加工に関わる問題を扱いながら、「取る」を考えてみたい。

「摂る」は鮮魚やその加工品を消費し摂取する側の問題である。残念ながら私はこれまで消費地の側に注目することが少なかった。一般家庭に住みこむことを各地で経験したものの、家庭での魚の利用についていまだ十分な調査を進めてはいない。本書ではほとんど扱うことができない「とる」になってしまっている。

東南アジアでは、漁業資源の枯渇とともに、各地から資源管理の歪《ゆが》みが報告されている。国家や地域間の漁業規制とは関わりなく、資源を獲得しようとする行為がみられることがある。また資源をめぐるねじれた関係も噴出している。トランスボーダーコンフリクト、すなわち漁業と越境に関するテーマを扱う時のキーワードは、さしずめ資源を「盗り」、違反者を「捕る」ことになろうか。

以上のように、「魚とる」ことからは、人間活動を理解したり、漁業と漁場をめぐる様々な意味を読みとったりすることができる。

ところで、近年、東南アジアの各国において漁業統計類の整備が進み、漁業をとりまく情報量は格段に増してきている。しかし、小規模漁業を調査していると、統計には反映されない漁獲と取引が多いことに気づかされる。統計の分析だけでは明らかにできないことが非常に多い。したがって、フィールドワークを通じて聞き取りをしたり、人びとの活動を観察したり、様々な測定をおこなったりすることが沿岸漁業を理解するための重要な調査方法となる。

本書で問う基本的な方法のひとつは、「長さがあれば長さを測る、重さがあれば重さを量る、数があるなら数えてみる」というものである。これは、私のオリジナルな言いまわしではない。生態人類学者口蔵幸雄氏の発言を私なりにアレンジしたものだ。この表現は単純なようで、きわめて示唆的である。漁具の大きさを計測したり、魚の重さを計量したりする。また、漁船の出港時刻と帰港時刻をチェックしたり、船だまりにある漁船を種類別に数えたりする。延縄《はえなわ》や刺網《さしあみ》漁船への乗船調査では、漁獲物の種類を確認し、魚の数を数えたりすることもある。このような調査で得たデータから、漁業者と漁場環境との関係が明らかにされ、漁業者の魚に対する価値づけや好みなどについて多くのヒントを得ることができる。

さて、本書は序論とそれに続く三部から構成される。序論では、東南アジアの沿岸漁業を読みとくために「漁場環境」、「漁業地域」、「資源管理」、「漁業技術」などのキーワードについて考えておきたい。第Ⅰ部は資源管理にかかわる問題を扱う。マラッカ海峡における漁業の背後に潜む「越境《えっきょう》」という問題、そして南タイを事例に漁業者の地域固有の知識に基づいた資源管理の実態について分析する。第Ⅱ部は水産物がグローバリゼーションとローカライゼーションのはざまでいかにして動いているのか、そのことを、近年ブームになっている活魚流通と、半島マレーシアの塩干魚《えんかんぎょ》生産を通じて考えてみる。第Ⅲ部は変わる東南アジアの海辺を、半島マレーシアの華人漁業地区とフィリピンの内海漁村の変容過程からながめてみたい。

それでは、荷物はそれほどいらない。フィールドノートとボールペン、メジャーとばねばかりを携えて、「東南アジアの魚とる人びと」に出会う旅に出かけよう。

目次

東南アジアの魚《うお》とる人びと

叢書・地球発見2

［企画委員］

千田　稔
山野正彦
金田章裕

序章　東南アジアの漁業を読みとくキーワード

はじめに

東南アジアの海辺や河川・湖沼の岸辺を歩くと、様々な漁具・漁法に出会う。竹櫓と四ツ手網、割竹で作られた柵、魚はもとよりカニやエビをつかまえるハート型、ドラム型、かまぼこ型のかごなど、いずれも規模は小さいがこれらをになう人びとの多様な生活がそこから伝わってくる。一方、沿岸都市の周辺では、漁業設備の整った近代的な漁港を見ることができる。漁業がいくつもの特徴的な様相を呈していることを実感する。

東南アジアの漁業が、一九六〇年代以降一九七〇年代にかけて飛躍的な発展をとげたことはよく知られている。イワシ、アジ、サバなど浮き魚をとるまき網とニベやイシモチなど底魚を対象とする底曳網《そこびきあみ》が導入され、漁業生産量が一気に増大したのである。また、海水と淡水が混じりあう汽水域に池を造って古くからおこなわれてきた養殖業においても、サバヒイ（英語名のミルクフィッシュがあらわすように白身の魚で、インドネシアやフィリピンでは「国民魚」として名高い）を中心とした国内向け生産から、海外向けのエビ生産へと転換が図られた。エビ養殖はタイやベトナム、インドネシアなどでは外貨獲得の有効な手段として位置づけられるようになっている。

このような中、東南アジアの漁業は資源の枯渇や漁場環境の悪化に直面している。その兆候は、くず魚を漁獲する割合の増加、市場価値が高い特定魚種の激減、魚のサイズの矮小化などとして現れている。エビ養殖でも、過密な飼育によってウイルス性の病害が蔓延し、生産量が頭打ちとなることがしばしば起こっている。養殖池を造成するためにマングローブ林を伐採してしまうことも深刻な環境問題である。そのため、漁業者が漁業資源をいかにして持続的に利用すればよいかについて考えたり、乱獲を防止するための効果的な管理計画を提示したりすることが各国の懸案となっている。

序章では、以上のことをふまえて、東南アジアの漁業を読みとくキーワードについて考えてみることにしよう。キーワードは数多いが、①漁場環境、②漁村の分類、③資源管理、④漁業技術の四つを取りあげてみたい。

魚とる舞台

東南アジアの地図を広げてみよう。中国から続くユーラシア大陸の南縁にインドシナ半島が位置する。さらにそこから細長いマレー半島が突き出し、その南と東にはスマトラ島、カリマンタン（ボルネオ）島、スラウェシ島、ルソン島、ミンダナオ島をはじめ大小二万以上の島々が連なっている。このような位置関係にしたがって、東南アジアを大陸側の「大陸東南アジア」と、マレー半島を含む島世界の「島嶼東南アジア」の二つに区分することができる。本書で扱うのは、これらのうちの主として「島嶼東南アジア」である。早速、この地域の沿岸部を歩いてみよう。

●陸　棚

島嶼東南アジアの基底には陸棚（大陸棚）がある。これは周知のように、大陸や大きな島嶼の周辺にある水深二〇〇m以浅の海底をさす。それより外側は急傾斜面となり、水深三〇〇〇〜五〇〇〇mの深海海底へとつながっている。

東南アジアにはスンダ陸棚とサフル陸棚が横たわっている。そして両陸棚の間を、深い海溝をもつ東部スンダ弧域が分けている。スンダ陸棚は、台湾の西側、台湾海峡から中国沿岸部、海南

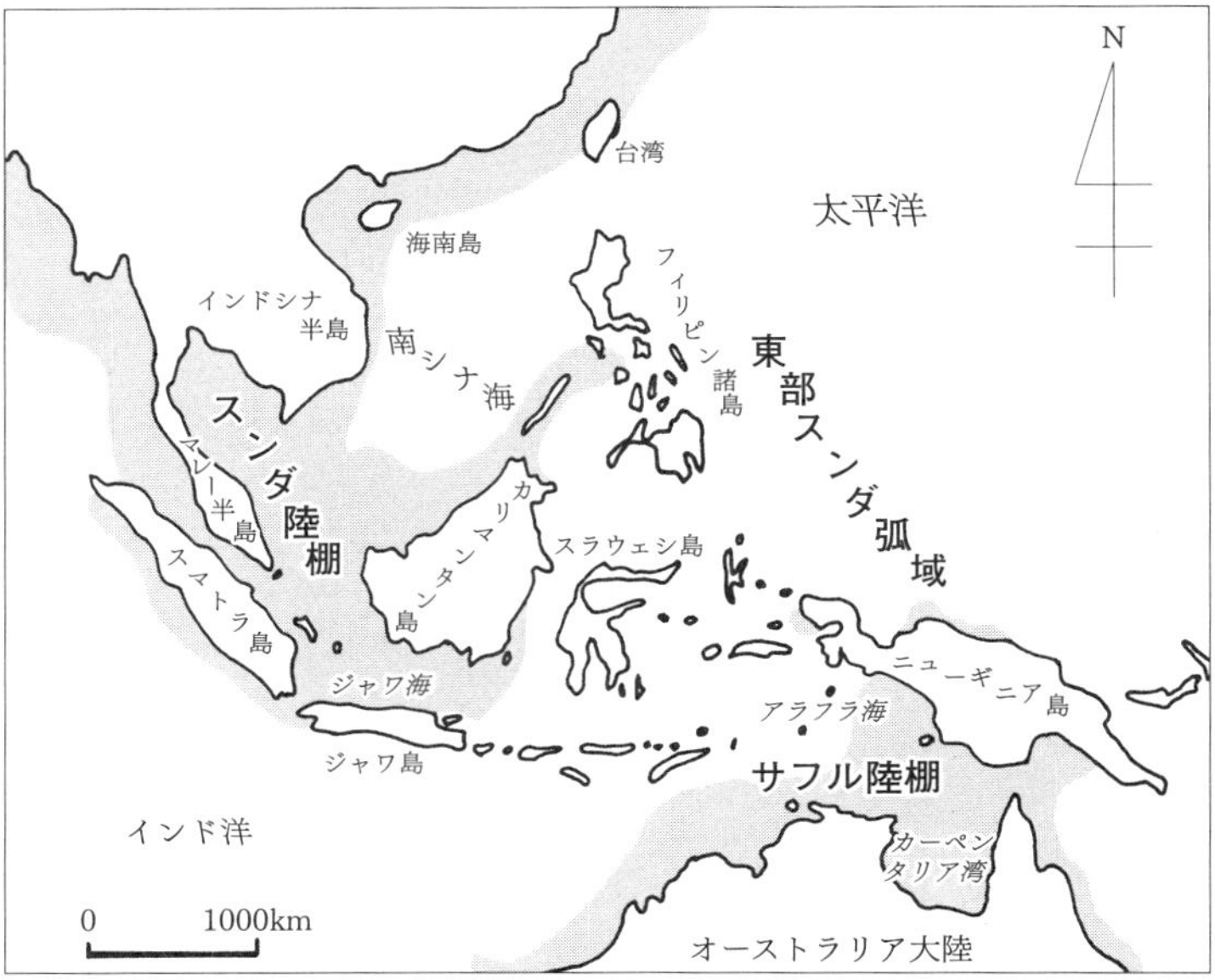

東南アジア海域世界

島、南シナ海（南中国海）の西部からタイランド湾、ジャワ海などを経て、ミャンマーの沿岸域へと広がる。サフル陸棚はオーストラリア大陸とニューギニア島の間にあるアラフラ海、カーペンタリア湾などを占める。沿岸一帯にはマングローブが繁茂する低湿地やサンゴ礁が形成されている。

●マングローブ

マングローブ林は、汽水域に発達した森林であり、沿岸の海洋資源を支える重要な自然環境である。ヤエヤマヒルギやアカバナヒルギなど構成樹種は五〇～七〇種といわれている。海からやや内陸にはいったクリーク沿いに茂るニッパヤシもマングローブの仲間のひとつに数えることができる。

南タイ、パンガー湾のマングローブクリーク

マングローブに覆われた浅海は、有機質に富み、魚類、甲殻類にとって格好の生息場所である。稚魚や幼魚が成長をとげる安全な場所でもある。沿岸域に住む人びとは、水産資源を獲得するだけでなく、マングローブ自体も利用してきた。建築用材、薪炭材としての利用、樹皮に含まれるタンニンは染料として、また種子のなかには食料として用いられるものもある。用途はきわめて広い。そのほか直接マングローブ材を利用するわけではないが、マングローブ湿地は古くから養殖池として利用されてきた。日本でもなじみのあるブラックタイガーなどのエビ養殖池の多くが、この湿地を造成してできあがっていることはすでにふれた通りである。

ところが近年、乱伐や沿岸部の開発によってマングローブ林がどんどん失われている。第2章と第6章では、南タイおよび中部フィリピンにおけるマングローブ地帯のこのような変化も取りあげてみたい。

東インドネシア、マカッサル海峡に浮かぶ隆起サンゴ礁島：コディンガレン島

●サンゴ礁

マングローブとともに島嶼東南アジアに特徴的な環境がサンゴ礁である。サンゴ礁が発達する海域は生物相が多様で、かつ生物生産量もきわめて多い。分布の中心は、フィリピン南部、東インドネシアのスラウェシ島、マルク諸島、小スンダ列島などの周辺海域である。ここには隆起サンゴ礁島も数多くみられる。

陸域や島の周辺に広がるラグーン（礁湖）は、沿岸集落に居住する人びとに豊かな海洋資源を提供してきた。日々のおかずとりの場として、いわば「海の畑」のような役割を果たしてきた。沖合に発達した離礁では、魚類はもとよりナマコや甲殻類を対象とした漁業もおこなわれてきた。

しかしここでも、マングローブ林と同様、環境破壊が進んでいる。第3章でとりあげる東インドネシアの活魚漁は、このようなサンゴ礁の海を舞台に展開している。

マレー半島東海岸のマレー人漁村：パカ

漁村を分類する

●多様な漁村

東南アジアの沿岸部には、様々な民族が漁業をなりわいとして生活し、様々な漁村あるいは漁業地域をかたちづくっている。これらをわかりやすく分類し理解する方法がないものであろうか。

たとえば、マレー半島の漁業地域を南シナ海に面する東海岸とマラッカ海峡側の西海岸に分けて、雨季・乾季の違い、砂浜海岸やマングローブ湿地の発達の程度といった自然地理的指標およびマレー人漁業者の卓越する地域と華人《かじん》（中国各地から東南アジアに移住した後、現地に定着した人びとの総称）漁業者の多い地域といった民族的・歴史的指標とに注目しながら分類

杭上家屋が並ぶマラッカ海峡の華人漁村：ケタム島

することができる。また、東インドネシア、スラウェシ島の中・南西部諸地域を、環境条件と漁業種類の特徴によって、北東から南西へと順に、養殖用の稚魚採捕がおこなわれるトミニ湾、バガンと呼ばれる敷網で浮き魚を獲るボネ湾、水田養魚がおこなわれる山岳部トラジャ地方、特異な淡水漁業がみられる内陸氾濫湖テンペ湖、汽水養魚池漁業が活発なマカッサル海峡沿岸部、まき網・敷き網・釣り漁などがおこなわれるマカッサル海峡の隆起サンゴ礁島、などに分類することも可能である。

これら諸例からも、実に多様な漁村と漁業地域とが浮かびあがる。同時に、これらを分類する作業が簡単ではないことも理解できよう。

●歴史から考える

そこで、漁業をになう民族と歴史に注目し、また岩切（一九八八）が指摘する「漁村形成の派生的類型」を参考に

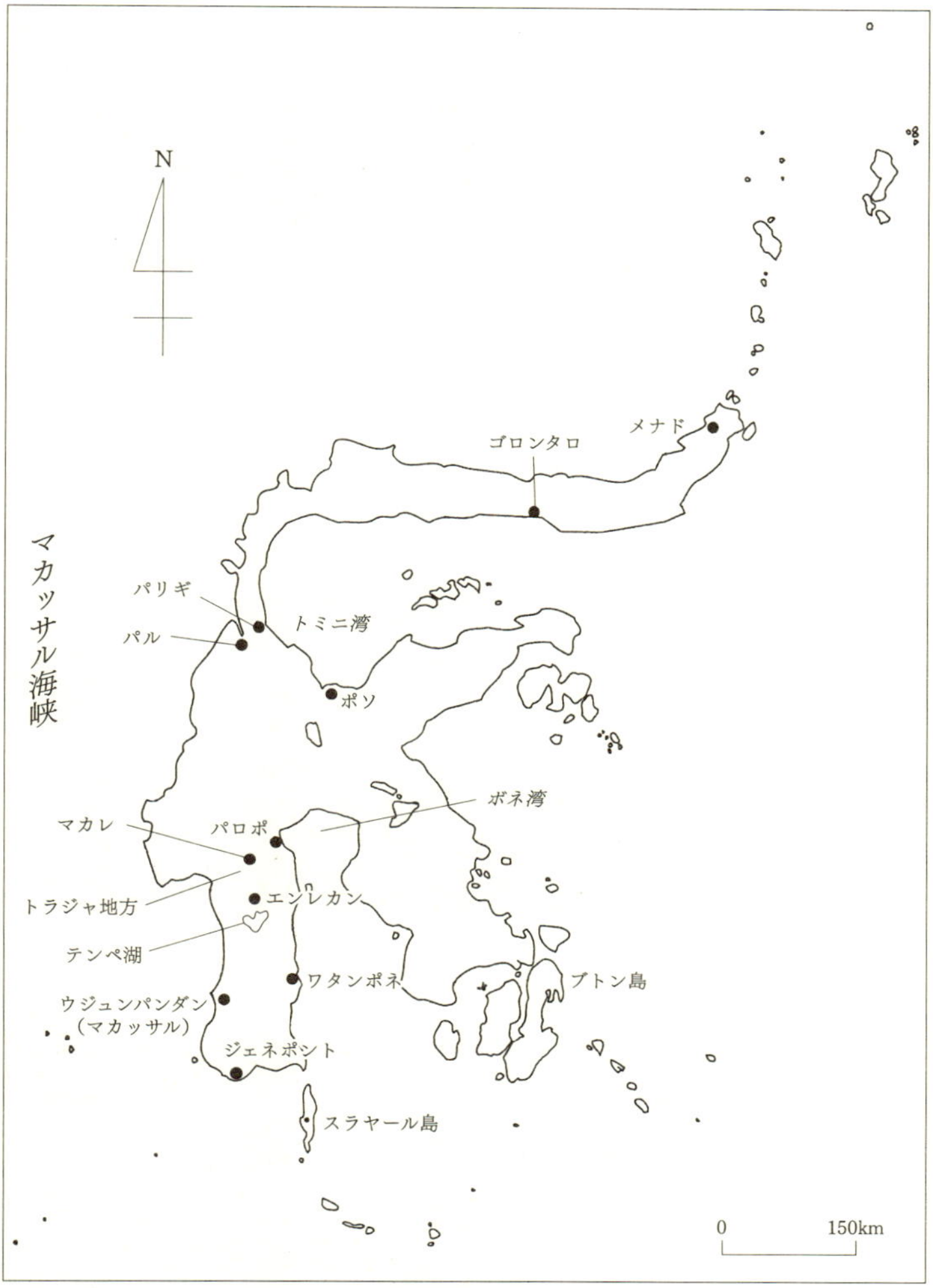
N
マカッサル海峡
メナド
ゴロンタロ
パリギ
パル
トミニ湾
ポソ
ボネ湾
マカレ
パロポ
トラジャ地方
エンレカン
テンペ湖
ワタンポネ
ブトン島
ウジュンパンダン
（マカッサル）
ジェネポント
スラヤール島
0
150km

スラウェシ島

サバヒイ（バンデン）の稚魚採取を目的とする、さで網漁：トミニ湾パリギ

バガン漁の水揚げでにぎわう桟橋：ボネ湾、パロポ

灌漑水路での魚とり：トラジャ地方、ランテパオ近郊

しながら、東南アジアの漁村・漁業地域の成立を以下の四つの類型に分けて考えてみたい。

①本来の船上生活者が、たとえば沿岸のマングローブ地帯や隆起サンゴ礁島に適地を見出し、定着することによって形成された漁村・漁業地域

②中国南部から数世代にわたって移住してきた人びとによって形成された漁村・漁業地域

③各国の民族および宗教上のマジョリティに疎外され排斥されたマイノリティによって辺境に形成された漁村・漁業地域

④国内の移住政策によって形成された漁村・漁業地域

このうち、①は、マレー語でいうところのオランラウト（オランは人、ラウトは海の意味）にあ

増水したテンペ湖での投網漁

エビ養殖池：ウジュンパンダン（マカッサル）近郊

マカッサル海峡の釣り漁業者：ウジュンパンダン沖合

たる水上居民が住む漁村・漁業地域である。現在でも、フィリピン南部のスル海に居住するサマ（門田 一九八六、長津 一九九七、床呂 一九九九）やマレーシアのサバ州沿岸、インドネシアのスラウェシ島周辺に生活するバジャウ、南タイのアンダマン海沿いに居住するチャオレー、ミャンマーのメルグイ諸島周辺のモウケンなど、わずかではあるが船上生活をおこなう人びとがいる

海上集落と家船：北スラウェシ、トロシアジ

マレーシア、セランゴール川河口の華人漁村：クアラセランゴール

南タイのイスラム系漁村：パンイー島

(Sopher 1965, White 1997, 羽原 一九六三、藪内 一九六九、後藤 二〇〇三)。彼らが、陸上に定住あるいは年間の一定期間定着することによって形成された漁村・漁業地域である。

②の成立は比較的新しい。一九世紀末から二〇世紀初頭にかけて、多数の中国人が中国南部からマレー半島や現在のインドネシアの各地へ鉱山労働者、プランテーション労働者などとして流入した。彼らは集住し、都市を形成するにいたる。仕事で成功をおさめ資本を蓄積した者の中には、都市部へ動物性蛋白を供給する目的で漁業開発に着手する者が現れた。彼らは魚商人となり、出身地の方言あるいは地縁に基づくネットワークを通じて漁業者をまとめあげた。マレー半島西海岸に数多く立地する華人漁村にはこのような経緯によって成立したものが多い（川崎 一九九六）。本書でとりあげるマレーシア、ジョホール州のパリジャワは潮州人、福建人によって形成された漁業地域であり、この典型的な例といえる。

③の例としては、イスラム教徒が多数を占める地域にある

仏教徒の漁村や、キリスト教圏にあるイスラム教徒の漁村などをあげることができる。南タイやフィリピン南部ミンダナオ島にはイスラム教徒の漁村・漁業地域が見られる。

④の事例は多くない。インドネシアで古くから実施されている移住政策（トランスミグラシ）によって成立した漁村、分村建設によってできたマレーシアの漁村などがこの例といえるだろう。

以上の主要四類型に、近年、大都市周辺のスラム地帯に出現している漁業集落、農村から排除された零細な農業者が集まって漁業を生業として新たにつくりだした集落、国内の内戦状態によって住処《すみか》を奪われ避難した人びとによって形成された漁業集落（赤嶺 一九九九、二〇〇〇）、外国からの難民の流入あるいは難民受けいれによって形成された漁村などを加えれば、東南アジアにおける漁村・漁業地域をおおよそ説明できると思う。

共有のジレンマとは

●オープンアクセスの結末

水産資源の利用と管理に関する問題が、東南アジアの各地で顕在化している。この地域の海面漁業は一九六〇年代以降、近代的な漁具・漁法が導入されるとともに飛躍的に発展したことはすでに指摘した通りである。しかし、漁業開発が相当進んだ段階でも、資源はオープンアクセス、すなわち誰もが自由に参入できる状態にあり、漁獲に対する管理や規制も厳しくはなかった。そうしたなかで漁業インフラの整備は、水産物供給や輸出の利便性から、都市とその周辺部に集中的に進められた。このことは、都市周辺の漁業地域と従来からあった伝統漁村とのあいだにきわめて大きな経済格差を生みだす結果となった。

一方、前節で述べたように、農村部の生産力が伸びないなかで、そこから排除された大量の「土地なし農民」たちが漁村へ移動したり、新たに漁業集落を派生させたりするという現象もみられた。水産資源の利用には参入規制がなく、農業者も容易に漁業に従事できたからにほかならない。結果として、資源利用はそれまで以上に略奪的となり、「資源の持続的な維持」という視点はほとんど無視された。一九九〇年代に入ってようやく、沿岸域の資源破壊をくいとめ、適切な利用を確保するための管理システムと法制度を整えようとする動きが各国で起こり、沿岸漁業を管理する様々な試みも始められた。漁業管理の強化と資源管理型漁業への移行は時代の趨勢となったのである（山尾　一九九七）。

●「共有の悲劇」とは？

参入規制のない資源利用の歪みとして、ここで「共有の悲劇論」についてふれておこう。アメリカの生態学者G・ハーディンは、一九六八年、『サイエンス』誌に掲載した論文「共有の悲劇

「Tragedy of the Commons」の中で、家畜飼養を例にあげて、共有地の悲劇を説明した。要約すれば、以下のようなことである。

すべての牧夫に開かれた牧草地を考えてみよう。家畜を販売することで利益を得ている牧夫は、利益をできるだけ多くしたいと考える。たとえば、ある牧夫が一頭の家畜を増やそうとしたとする。一方では、その家畜によって生みだされる牧草の過食がある。牧草地はすべての牧夫によって共有されるので、一頭分の過食は、最初は取るにたらない問題かもしれない。しかし、こうして別の牧夫、さらにまた別の牧夫が一頭また一頭と家畜を増やしはじめる。その点が悲劇なのである。牧草地という有限の場所において、各自が際限なく家畜を増加させようとすると、結局、そのことが牧草の不足へと向かわせる。すなわち、共有地における利用の自由を認める社会において、各自が最高の利益を求めようとすると、利用の自由は共有地のすべてに破滅をもたらすことになるのである（Hardin 1968）。

「共有の悲劇論」は、以後、世界中で進行する資源の乱獲・濫用を説明する機会に広く取りあげられてきた。人類学者、開発のプランナー、生態学者、経済学者、政策学者、資源学者、社会学者など多くの学者・専門家たちが共有財産にかかわるジレンマについて研究し、その解決方法を議論してきたのである。たとえば、地域の資源管理システムを研究する経済学者は、国家による管理と個人による管理とを比較しながら、不足する資源を節約するにはどのような管理体制がとられるべきかに注目するだろう。人類学者は、文化や価値体系の維持に対する資源管理の働きを説明し、政治学者は、資源管理の成功あるいは失敗に直接かかわる制度制定の重要性を強調するだろう。生態学者は、土着の知識に基づく伝統的な管理が長期間にわたる生存のためにいかに有用であるかを探ろうとするかもしれない（Feeny *et al.* 1990）。

ハーディンのたとえ話は、漁業にも取りいれることができる。漁業生産量が限られた未利用の水域を考えてみよう。最初にこの水域に入った漁業者が、ここが利益のあることを見出したならば、この漁業者の成功は他の漁業者をひきつけ、多くの漁船が漁業に参入することになる。すると漁船の増加にともなって、一隻あたりの漁獲量は低下する。これが乱獲という事態である。ただし、このような悲劇が生じるのは、①利用者は自己本位であり、その水域において私的な漁獲を続ける、②開発の割合、すなわち漁船の漁獲量が、資源の補充をしのぐ利用パターンとなる、③資源が共有財産として社会全体で所有され、どのような利用者にも自由に開放される、という三つの条件が存在する場合である。

●新たな資源管理

資源管理に関わる問題は、すでに見てきたように、きわめて複雑である。たとえば、水域の私的な所有が効果的な開発を必ずしも達成できなかったり、密漁が横行し、かえってコストがかさんでしまったりする場合がある。他方、国家や地方行政府がおこなう、いわば欧米型を模範とした資源管理政策がうまく機能せず、むしろ従来からの持続的な資源利用が地域に定着している事例も多い。その利用形態は、地域に根ざした資源管理（community-based manegement）として、近年脚光をあびている。

地域に根ざした資源管理とは、漁業者集団の総意に基づいて漁業者自らが漁業管理をおこなうしくみである。小規模単位で扱われる管理の方法は、複雑な漁業の生態を確認しやすいし、地域の状況にそくした規則をもっとも形づくりやすい。すなわち、地域の環境に対するよりよい理解を得ることができるうえ、漁業者自身が資源調査・研究に直接参加することによって、彼らも制度に対して強い意識をもち、そのことでさまざまな措置の遵守も期待できると考えられる。

以上の点からみれば、漁業者集団に漁業権を与え、集団自体が資源先取り競争を協議によって回避するという自主管理システムができあがっている日本の沿岸漁業制度は、世界的に評価されるべきものである。ただし、日本の漁業管理は、理解が十分に浸透した漁業社会に裏打ちされたものである。したがって、たとえ日本型の管理方法を現在の東南アジア地域に導入したとしても、その方法が漁業者のあいだで必ずしも十分に達成されないかもしれない、という懸念があることも忘れてはならないのである。

「獲り方」からみる漁業

●漁業技術の選択

漁獲対象を変更することは、漁業者によっておこなわれるもっとも主要な適応戦略のひとつである。魚類の日周期的な行動時間の変化、月齢に関係する魚群の集中の変化、季節による回遊などが、戦略をたてるうえで重要な要素となる。しかし、漁獲対象を変更する時には、漁具・漁法を変更する可能性があるにも関わらず、この現象はこれまで十分に議論されてこなかった。

その中で、須田（一九八七）による北海道焼尻島における漁業活動の研究は注目される。須田は、漁業活動を人間による環境への働きかけと考え、漁業技術がどのような要因によって選択されるかについて分析している。焼尻島沿岸海域では江戸時代以降ニシン漁が盛んであった。しかし、一九五五年にはニシンの回遊がとだえた。その結果、漁業活動はニシン漁から多様なものへと変化する。漁業者による漁獲変動への対応である。須田は、単に自然環境だけでなく、漁獲高や漁獲効率・投資額の大小といった経済的要因、共同操業者の組織化、漁獲物の分配方法、若手後継者の有無といった社会的要因、さらに歴史的要因が各家族経営体の漁業活動の選択に影響を与えた、と結論づけたのである。

アメリカの応用人類学者J・アチソンは、一九七三年から一九七八年の間にアメリカ東海岸北ニューイングランド地方の漁業に生じた漁具・漁法の変化を、背景にある漁業者の経験や経歴の相違からとらえている。変化にかかわる装備の大型化や投下資本の大型化、技術的な難易度や経験、参入のしやすさなどが議論の対象となった。アチソンは、それぞれの漁法について技術の習得には何年くらいを必要とするかにも注目している（Acheson 1988）。

漁業技術の選択に関する問題は、漁業者の意思決定がいかにして、何によっておこなわれるかを明らかにすることでもある。これは漁場を利用する場合に生じる競合、さらにそれを調整する問題とも関係する。また、それぞれの技術と漁獲量との正確なつきあわせがおこなわれるならば、資源の管理や持続的利用を考えるうえで、重要な知見を導きだすことができるのではないだろうか。

●新技術導入の背景にあるもの

新たな漁業技術がいかにして導入されるかについては、技術の選択・変更とともに議論しなければならない問題を含んでいる。事例をひとつ示しておこう。

第1章で取りあげるマレーシア南部ジョホール州の華人漁村パリジャワでは、かご漁が主要な漁法のひとつである。原型はハート型のかごとして知られる。これは、海洋人類学者のJ・ホーネルが指摘したように、インド南部のゴア地方を起源地としている。マレー半島へは、一六世紀に東南アジアへ進出したポルトガル人によって伝えられたものと考えられている（Hornell 1950）。パリジャワの古老から聞いたところによれば、かご漁は一九〇〇年代前半にマラッカ方面から導入されたらしい。その後、材料が割竹から金網に変わり、また、動力によるかご巻きあげ機や漁場を探索するための機器の導入によって、漁場域を海岸近くの浅所から、より深所へと拡大した。

一方、中心的なかご漁業者である潮州人のE氏（一九四九年生まれ）の手によって、かご漁が、妻の出身地であるセランゴール州ケタム島に導入された。一九九三、九四年にはスマトラ島北西部にもこの技術が導入されている。導入の背景には、これらの地域で商業的な漁業を担ってきた華人のネットワークが存在した。

このように、技術の選択については、それにかかわるキーパーソンの存在、漁業者間のネットワーク成立の背景など、新たに検討すべき課題を提起できる。また発展途上国における漁業をみた場合には、技術移転自体の必要性も論議の対象となるだろう。たとえば、新しい技術が外部から導入された場合、一時的にしろ、漁獲量は上昇する。しかし、漁獲物のうち良質なものは域外へと輸出され、一方、自地域内消費分の不足を補うために、質の悪い漁獲物が域外から輸入されることがしばしば起こる。結果としてその地域の食生活は以前より悪化してしまうことがある。このような論議は、技術のグローバル化をローカルな側からながめる視点でもある。

調査者として

東南アジアの漁業を取りまく多くの問題のうちから漁場環境、漁村の分類、資源管理、漁業技術を取りあげ、現状や研究動向を把握するとともに、若干の研究事例を示してきた。これらのテーマを携えて東南アジアの漁業地域を調査・研究するためには、私たちは今後どのようにフィールドに向きあってゆけばよいのだろうか。

私は、まず、小地域を調査・研究する重要性を指摘したい。そのような諸地域で漁業の実態や変化に関するデータを収集し、詳細な記録を蓄積する意義が大きいと考えている。これらの研究から得られる成果は、有用なモデルを提供する可能性が必ずあると思う。また、地域が長期にわたって持続してきたシステムの特性を明らかにすることができるならば、そうした特性には参考にすべき点が少なくないはずである。社会科学的研究が記述的すぎるという批判の域を一歩もでないし、新しい研究の方向性を提示するにもいたらないが、このあたりに私たち地理学者がになう研究課題があるように感じている。

ところで、東南アジアでは、環境的、文化的制約が地域や村ごとに異なる場合が多い。このような状況に照らして考えると、調査する側が、調査地で整然とした時間スケジュールに基づいて仕事を進めることはなかなか難しい。一方、調査地で漁業者から聞き取りをしている時、漁業者は、漁業をおこなっているわけではなく、他の仕事や活動に従事している場合がほとんどである。調査者は、実際には漁業の現場を見ないで調査を進めていることが多い。これでは漁業はなかなか理解できない。

私たちは、調査地で多くの時間を割りあてなければならないことを再認識しておきたい。調査する側が、漁業者のスケジュールに合わさねばならないのはもちろんである。そして、可能であれば、漁業者とともに出漁してみることも重要である。漁業活動のことを知りたいならば、より多くの時間を漁場において使用しなければならないと思う。調査者は、海の上で、船の上で、漁業活動、漁場利用、漁場認知、資源管理に対する漁業者の意識など、漁業に関する様々な知見を必ず得られるはずである。

I

越境と資源管理

第I部では、近年扱われるようになってきた資源論について考える。「越境」や「権力」というポリティクス、資源を守る人びとの行動などが主題となる。

私がこのような問題を考えはじめたのは、フィールドでの経験からである。一九八九年から一九九二年にかけて、台湾、パプアニューギニア、マレーシアで調査する機会があった。調査地は台湾海峡、トレス海峡、マラッカ海峡といずれも国際海峡ないしはそれに準ずる国家（地域）間の海峡に面していた。一九八九年には台湾の北西海岸を調査した。新竹市南寮漁港では、漁船の出港、帰港に際して、警察による船内査察が必ずおこなわれていた。沖合で台湾漁船と中国漁船との間で水産物、農産物の密輸入・密輸出が横行していたからである。一九九〇年と一九九二年には、パプアニューギニアにおいて、パプアニューギニア・オーストラリア間の境界線を越えてナマコを求めるパプアの人びとに出会った。一九九一年には、マレー半島西海岸の華人漁村で二か月ほど暮らした。漁船に便乗し、度々沖合へ出たが、そこではマラッカ海峡が国際海峡であることをいやというほど知らされた。

第1章は、以上の経験のうちからマラッカ海峡に注目し、越境漁という漁業景観を分析する。資源が枯渇しているといわれている狭隘なマラッカ海峡で、いったい何が起こっているのか。マレーシア人漁業者間の対立や、対岸のインドネシア、スマトラ島側の人びとをも含めた、海峡の漁業にみられる関係性を考えてみたい。

資源を利用するための政策を立ちあげようとする場合、地域住民がその過程にどのようにして主体的に関わることができるかが、政策をうまく進められるかどうかを決定すると思われる。住民参加型の資源管理方法が近年議論され、各地で取りいれられてきているのはそのためである。第2章では、南タイの東西二つの漁村において、漁業者が漁場を守るためにどのような行動をとってきたのかを考えてみる。

1 マラッカ海峡の越境漁

越境漁と拿捕《だほ》事件

●マラッカ海峡のかご漁場へ

一九九一年、私は、マラッカ海峡に面したパリジャワという華人漁村で沿岸漁業の調査をおこなっていた。聞き取りだけでなく、漁業活動を観察する方法を用いて、漁業者が時間的・空間的にどのようにして漁場を利用しているのかを解明したいと考えていた（田和 一九九二）。港前の安宿をねぐらに、漁業者仲間が集まるコーヒーショップに入りびたったり、港を出る漁船、戻ってくる漁船をチェックしたりの毎日であった。

かご漁船の船長U氏が、漁船に乗せてやろうといってくれた。八月一日の早朝三時、私は六人の漁業者とともにマラッカ海峡へと出漁した。朝食に粥をご馳走になりながら、日の出とともに見えてきた、驚くほど大きいコンテナ輸送船やタンカーの姿に、「ああ、これがマラッカ海峡なのだ」と感動していた。木造漁船は、ポートディクソンの沖合《おきあい》漁場を目ざした。

四時間近くの航行ののち、目ざす場所に到着した。まずは、方向探知機（以下GPS）と魚群探知機（以下魚探）を使って新たなかごの敷設場所を決定し、そこに、甲板いっぱいに積んできた新しいかごを全部放りこんだ。すこし移動してから、今度はすでに沈めておいたかごの場所を探した。鉄製のフックを海底に落とし、これでいくつものかごを結わえている幹縄の一部を引っかけるのである。ほどなく幹縄がうまくかかり、漁業者たちは船首右舷側からかごを引きあげはじめた。

●インドネシア領海侵犯

しかし、まもなく、漁業者たちは引きあげ作業をやめた。怪訝な顔をしている私に、一人が遠くを指さして、「インドネシア・ポリス」と叫んだ。「嘘だろう?」私たちの乗った漁船は、マレーシア領海を越え、インドネシア領海に侵入していたのである。船長は、身振り手振りでフィールドノートとカメラをバッグの中にしまうように私に指示し、自らもGPSと魚探をバスタオルでくるみ、船室の奥の方へ押しこんだ。私は拿捕されるのではないかという不安に体が硬直してしまっていた。

豆粒ほどにしか見えなかったインドネシア警備艇の姿はみるみる大きくなった。ついには私たちの漁船に近づき、反時計回りにまわりはじめた。ほどなく、停船した警備艇から縄ばしごが降ろされた。U船長は警備艇へ乗りうつるように命令されたのである。「僕もか?」と自分を指さす私に、「いや、お前は呼ばれてはいない」と船長は手振りで答えた。彼は乗組員から金を集め、これをポケットに押しこんでから縄ばしごに飛びうつり、船内へと消えていった。

U船長は取調べ中、二度、甲板に出てきて、こちら側に合図をした。罰金額が少ないということなのだ。乗組員たちはその度に持っている金を集め、船長に手渡した。

約一時間後、船長はやっと解放された。警備艇はとれたてのフエダイ数尾を譲りうけてから、去っていった。私たちの漁船は、もう大丈夫だといわんばかりに他の場所でかごを沈め、また他の場所で引きあげを続けた。帰港後、聞いたところによると、船長は罰金三五〇リンギット(当時、日本円で約一万四〇〇〇円)を支払ったという。

二〇〇〇年八月の調査でU氏と当時の思い出話をした。私たちの乗った漁船は、ポートディクソン沖ではなく、スマトラ島の沖合約五カイリで操業していたのであった。

●漁業と越境

国境をはさむ漁業や越境による新たな漁業空間の利用に私が関心を抱きはじめたのは、このインドネシア警備艇による拿捕事件がきっかけである。

国境は、国家という行為体を地理的に区分する境目である。たとえば国際海峡に面する漁業地域では、国家あるいは地域によって境界線が設定されており、通常は他国（他地域）内への入漁が禁止されている。たとえ入漁できるとしても、その時には何らかの協定に基づくものであったり、入漁料を支払ったりしなければならない。しかし、国境（境界）自体が確定されていなかったり、国家間の漁業協定が未整備であったりすることによって生みだされる漁場利用の形態や、国境（境界）が設定される以前から続く伝統的な入漁形態が存続している場合がある（田和 一九九六）。

境界の定め方や形態は国家による一元的なものだけでなく、地域によって多様であり、国家（地域）を単位とする思考だけでは分析しがたい（加藤 一九九三）。したがって国家によって決められた境界と地域ごとの境界との関係について、歴史的な経緯を含めて細かく検討したり（秋道 一九九六）、その中で漁場利用とは何かを把握し、資源利用を考えてみたりする必要がある。

幅の狭いマラッカ海峡南部では、トロール漁業やかご漁業など、漁業種類によってはマレーシアとインドネシア両国間の国境線を意識しながら漁業活動をおこなわなければならない場合がある。国境によって入漁が規制されているにもかかわらず、越境が繰りかえされることもある。そこではいったいどのような漁場の利用がなされているのだろうか。本章では、一〇年間調査を続けてきたパリジャワのかご漁業を事例にしながらこの問題について考えてみたい。

パリジャワのかご漁業

パリジャワは、ジョホール州北西部の中心都市ムアーの南一〇数㎞に位置する人口約一万人の町である。ムアーからバトパハへ延びる二本の主要道路が交差するところが町の中心である。ここには華人が経営するショップハウス形式の商店街が続く。周辺は農業地帯で、アブラヤシやゴムのプランテーションのほか、ココヤシ、ドリアン、ランブータンなどの果物の栽培地が広がっている。農地の間には海岸に向かう多数の水路がめぐらされている。これらは排水とともに、農地への塩害《えんがい》を防ぐ役割がある。このような水路をパリという。付近にはパリジャワのほか、パリウナやパリブタ、パリラジャなど数多くのパリ地名が存在する。農業地帯に点在する集落はマレー人が居住するカンポン（村）である。他方、主要道に沿う農地の一部は、華人が居住する新興住宅地へと変貌しつつある。

漁港は町の中心から約一㎞西にある。水路のひとつパリジャワ川を開削して造られた小さな河口港である。付近には砂泥干潟と貧相なマングローブ湿地が広がり、その間の細い澪《みお》すじが、マラッカ海峡へと続く漁船の航路となっている。あたりには、かつてはマレー人の小さな家屋が散在したにすぎなかった。そこに華人が流入してきて漁業を開始した。華人の人口が増加するとともに、現在のような漁港周辺がかたちづくられていった。漁港周辺の成立は一八六九年といわれている。港前には百余年の歴史をもつ、清水祖師《せいすいそし》という神を祀る翠美古廟《すいびこびょう》や、海の守り神媽祖《まそ》を祀る天后宮が並んでいる。

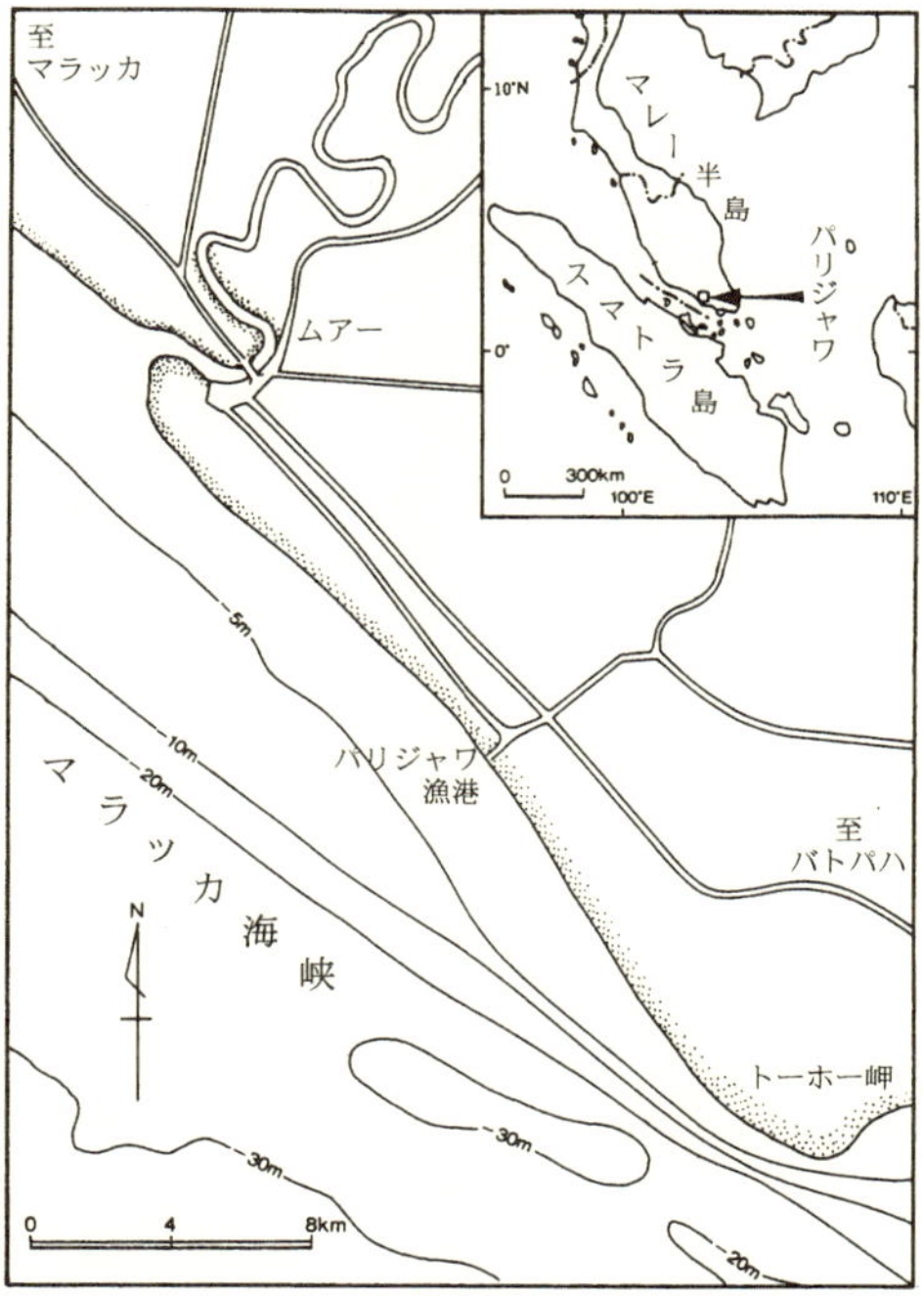

パリジャワの位置

●パリジャワの漁業

ジョホール州西海岸の漁業地帯はムアー、バトパハ、ポンティアンの三漁業地区に区分されている。このうちのムアー漁業地区にはパリジャワ、ムアー川河口、パリウナなどいくつかの漁港と船だまりがある。ムアー市内には農業省漁業局の出先機関であるムアー地区

水路パリ：周辺にはココヤシやアブラヤシが植栽されている

パリジャワ漁港

張網を用いた漁柵ケーロン

漁業管理事務所が設置されている。ここが地区内の漁業統計をとっている。しかし統計資料は地区全体として公表されているにすぎず、漁港や船だまりごとの港勢は明らかにできない。また、パリジャワには漁業者の組織として漁業公会が設けられてはいるものの、日常的な業務をとくにおこなってはいない。漁業の実態を把握できる資料はほとんどないのである。そこで以下では、

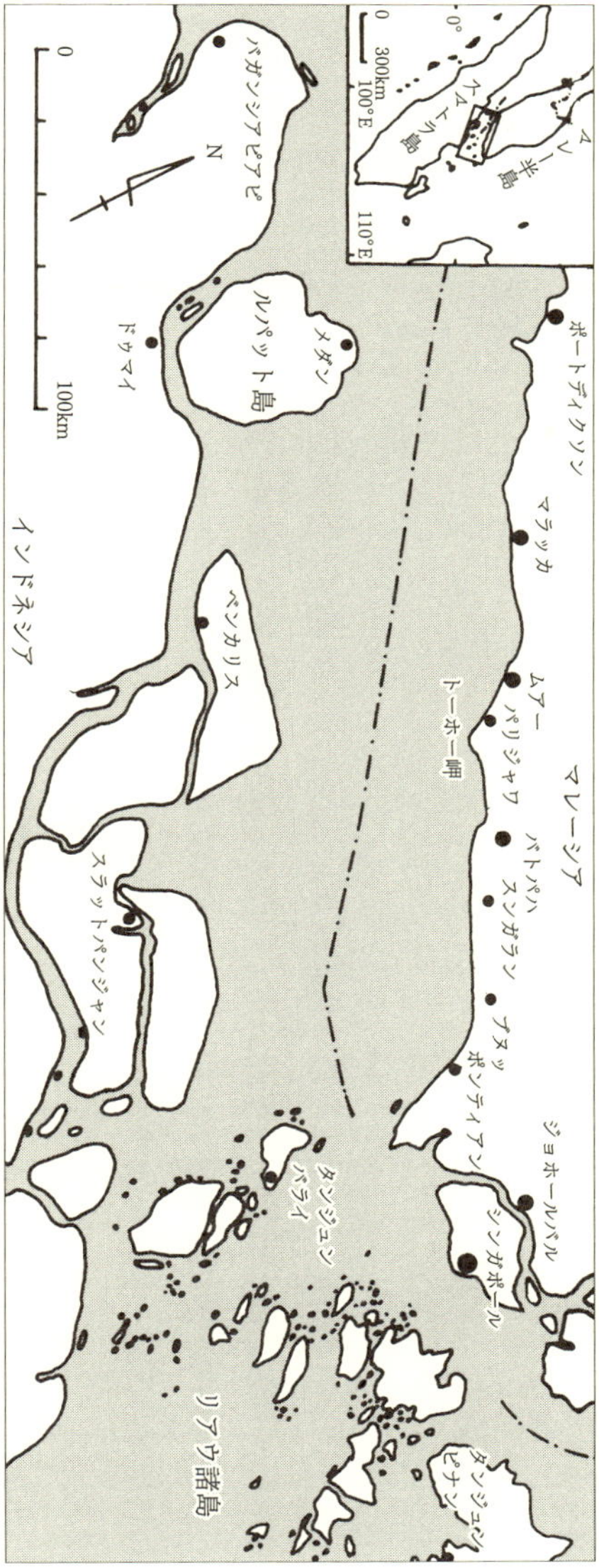

マラッカ海峡南部

漁業管理事務所での聞き取りに推定を一部まじえながら、一九九七年のパリジャワ漁港の状況を示しておこう。

パリジャワの漁業者数は約三〇〇人である。このうちの八〇%以上にあたる約二六〇人が華人、残りがマレー人である。華人の中では潮州人と福建人がとくに多い。主要な漁業種類は、浮刺《うきさし》網(流網)、かご、ケーロンと呼ばれる漁柵である。これらはいずれも、マレーシアの統計では伝統的な漁業種類に含まれる。経営体数は、浮刺網が約一〇〇、かごが八、ケーロンが一五である。かご漁業はムアー漁業地区内ではパリジャワにおいてのみ操業されている。ケーロンは地区内に五五統あるが、このうちの二八統をパリジャワの漁業者が所有しているという。船内機付漁船は一〇八隻ある。これらはすべて浮刺網およびかご漁船である。一方、船外機付漁船は約二〇隻で、ケーロン漁、エイの流し針漁、小型刺網漁で用いられている。数隻ある無動力漁船はマレー人が干潟近くでおこなう小型刺網漁に使われている。年間漁獲量は約一一〇〇t、金額にして六五七万リンギット（約二億円）に達する。

●狭い沿岸漁場

パリジャワが面するマラッカ海峡南部は海峡の中でもとくに幅が狭い。たとえばマラッカの北西部にあるラチャド岬と対岸のスマトラ島沿岸部にあるルパット島東端のメダン岬との間は、わずか二〇カイリにすぎない。

マレーシア、インドネシアの両国は、一九六九年、マラッカ海峡における領海および大陸棚の境界設定に関する条約を締結しており、海峡南部の国境線は両国沿岸部の複雑な地形にもかかわらず、ほぼ中間に単調な直線によって設定されている。両国の沿岸から中間線にいたるまでの海域はそれぞれの領海にあたる。ただし、シンガポールからインドネシアのリアウ諸島にかけて、境界が未設定な国際水域がわずかに残されている。

マレーシアの漁業管理は一九八一年に施行された漁業許可制度によってゾーン制が採用されている。海岸から沖合五カイリ（約八㎞）までのゾーンAは伝統的な漁具・漁法による操業域である。さらにその沖合側距岸五カイリから一二カイリまではゾーンBとして、四〇t以下のトロールとまき網の操業に割りあてられている。ゾーンAに該当するパリジャワの漁場はムアー漁業地区内の沿岸漁場、すなわち北部はマラッカ州との州境近くから南部はバトパハ漁業地区との境界にあたるトーホー岬沖までの範囲である。漁船登録制も採用されており、ケーロンで使用される漁船にはAライセンス、かご漁船と浮刺網漁船にはゾーンBまでの出漁が可能なBライセンスが与えられている。

ムアー川の河口部からパリジャワの沿岸部にかけては砂泥質の好漁場が広がっている。南部に突出するトーホー岬の沖はとくによい漁場といわれている。海峡を北から南へ流れる上げ潮流と逆方向に流れる下げ潮流のいずれもが岬の先端部にあたり複雑かつゆるやかな流れをつくりだすとともに、潮が沖側から陸側へ寄せるかたちとなり、これにともなって魚群が集中するからである。とはいえ、マラッカ海峡における水産資源の枯渇は著しい。沖合漁場では一九六〇年代後半からトロール漁業とまき網漁業が導入され、すでに乱獲の状態に陥っている（Ooi 1990, Jomo 1991）。パリジャワのゾーンAでも資源枯渇は深刻である。漁業者は、入漁が本来許可されていないはずのトロール漁船による違反操業がこの原因と考えている。

●かご漁業

パリジャワのかご漁は一九〇〇年代前半にマラッカから導入されたという。当時は比較的水深

かごの材料とできあがったかご

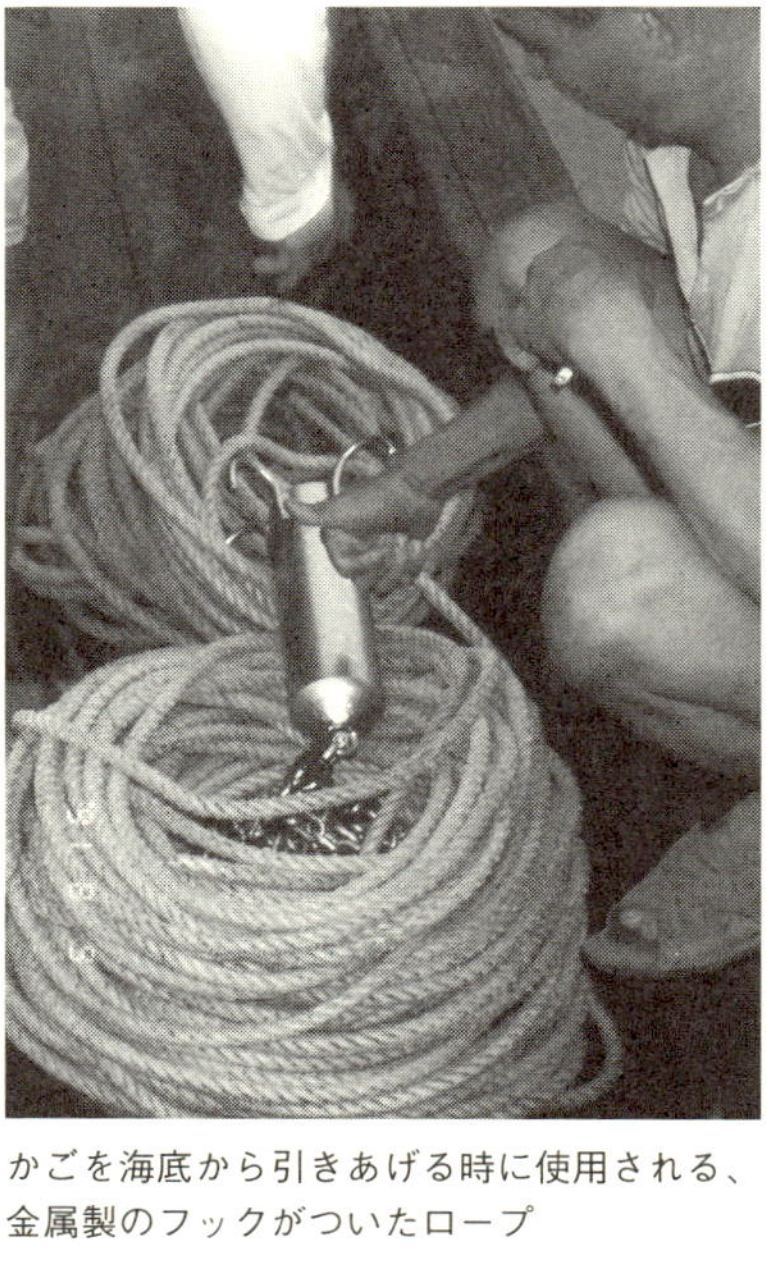

かごを海底から引きあげる時に使用される、金属製のフックがついたロープ

の浅い海に、縄にかごを一個つけて沈めた。その後、幹縄に複数のかごをつけて入れるようになった。一九七〇年代後半には材料が割竹から金網に変わり、さらに動力によるかご巻きあげ機や漁場を探索するためのGPS、魚探が導入されてきた。

現在のかごは、縦一〇〇～一一〇cm、横一七〇～一九〇cm、高さ六〇～七〇cmの直方体に近い形で、側面一か所に漏斗《ろうと》型の落とし口が設けられている。目合が五cmの二枚の金網を使って漁業者自らで組みたてる。フレームとして、底部には角材、側面には籐が用いられたが、近年は底部が金属製のパイプ、側面は塩化ビニールパイプで作られるようになってきている。

漁場では一〇個ほどのかごを約五〇m間隔で一本の幹縄に取りつけ、水深二〇～九〇mの海底に一〇日から二週間ほど沈める。この時、かごの中に餌を入れる必要はない。かごは小魚にとって格好の生息場所になるという。その小魚をねらって集まった大型のフエダイ、フエフキダイ、ハタ類などが落とし口をこじ開けるようにしてかご内に入ってくるのである。かごをあげる時には、敷設場所を探しあて、海上からフックを結わえたロープを投入し、これで幹縄の一部を引っかける。引っかかったロープを船に手繰りよせ、ロープの一端を巻きあげ機にまきつけて機械力と人力で引きあげる。一隻あたりの乗組員数は三～六人である。

内なるコンフリクト

●違反操業によるダメージ

パリジャワの沿岸部では、トロール漁船の違反操業があとをたたない。その状況は、地元の漁業にどのような影響をおよぼしてきたのだろうか。マレーシアの代表的な英字紙である*New Straits Times*紙（以下、*NST*と略記）の記事と聞き取りからこのことを考えてみよう。

パリジャワ沖を中心とした海域におけるトロール漁船の違反操業に関連する記事は、一九九一年から二〇〇〇年までの一〇年間に三六件にのぼった。このうち違反操業があった日時と漁船数を確認できる事例を取りだしただけでも、毎年のように違反操業がなされていることがわかる。パリジャワ漁業公会は、トロール漁法が魚群の産卵場所と棲息場所を奪うという理由から、ジョホール州のマラッカ海峡側におけるこの漁の全面禁止を長年主張している。地元の漁業者は漁獲量が減少していることから、出漁に積極的でないともいわれている。

パリジャワの主要な漁業種類とトロールとの競合関係をみてみよう。定置式のケーロンとトロールとの競合はほとんどない。一方、漁船漁業である浮刺網とかごは海上で競合する関係が発生する。敷設されている浮刺網がトロール漁船によって切断される事故が起きているし、海底の

パリジャワ沖を中心とするムアー海域におけるトロール漁船の違反操業

年　月　日	場　所	漁船数	備　考
1992. 02. 26	トーホー岬沖	5	漁船の登録番号をひかえようとしたパリジャワの漁船にトロール漁船2隻が激突
1992. 02. 28	トーホー岬沖	?	2/29：違法トロール漁船はここ2日間、ムアーの水域にはみられない
1992. 05. 01	バガン沖2カイリ	7	
1993. 02–03	トーホー岬沖	30	最近の侵漁で数百のかごに被害
1993. 04. 11–17	トーホー岬沖	7	ポンティアン、ブヌッ、スンガランから入漁
1996. 03. 10	トーホー岬沖	8	ポンティアン、ブヌッ、スンガランから入漁
1997. 02. 06	ムアー沖3カイリ	2	ブヌッ、スンガランから入漁、パリジャワの漁業者の漁船に激突
1997. 05. 05	バリウナ沖	3	ブヌッから入漁、漁船の登録番号をひかえ、警察に届けた
1997. 06. 04	バガン沖3カイリ	11	
1997. 06. 10	バガン沖3カイリ	10	
1997. 06. 11	トーホー岬沖	10	バガンの漁業者が確認
1997. 08. 15	トーホー岬沖	8	警備の強化によって1か月間、違反操業は途だえていた
1997. 11. 20	トーホー岬沖	14	
1998. 01. 28	スリムナンティ沖7カイリ	?	
1998. 02. 21	バガン沖7カイリ	6	沿岸漁場への侵入により、漁業局の警備艇によって拘束された
1998. 06. 19	トーホー岬沖	12	インドネシア漁船団
2000. 06. 26	トーホー岬沖	6	乗組員総数は25名、3隻15名が拘束され、残り3隻はインドネシア領海へ逃亡

（*NST*のパリジャワ関連記事（1991〜2000）より作成）

パリジャワの主要な漁種とトロール漁業との競合関係

○：関係する　×：特に関係しない

	ケーロン（漁柵）	かご	浮刺網
漁具の使用域	×	○	×
海上での競合	×	○	○
漁獲対象	○	○	×

かごがトロールの曳網行動によって別の場所へ移動させられたり、破壊されたりすることも生じている。

●違反操業を取り締まる

トロールの違反操業の取り締まりは海上警察や海軍、漁業局によって強化されてきているが、いまだ不十分である、とパリジャワの漁業者は考えている。一九九二年頃の新聞記事によると、海上警察や州漁業省は、地元漁業者と協力してマラッカ海峡でのパトロールを強化している。しかし、違反トロール漁船は、「新しい戦略」を絶えず工夫し、地元漁業者を混乱させていた。たとえば、漁船の側面に大きく書かれている登録番号を確認されることを避けるために、その箇所に布を張ったり、別の板を打ちつけたりしていた（*NST* 13 March 1992）。また、トロール漁船側は、地元漁業者による監視に対抗して「見張り番」を置き、逆にこれらの漁業者を漁場から追いたてた。敷設してある浮刺網を切断してしまうこともあった。一九九二年二月二六日には、違反トロール漁船二隻が登録番号をひかえようとしたパリジャワの漁船に自船を故意に激突させるという事件がおきた。パリジャワの漁業者によれば、「当局は、我々に違法なトロール漁船の登録番号をひかえるように求めているが、それは命がけ」（*NST* 29 February 1992）であり、実際には「トロール漁船は装備がよく、エンジンの馬力も強いので、近づきたくはない」（*NST* 23 April 1993）のである。

ムアー漁業地区の海域に侵漁するトロール漁船は、ジョホール州南部のポンティアン、ブヌッ、スンガランから来ているといわれている。これらの侵漁を阻止するための方策として、漁業公会は以下のことを計画した。すなわち、①トロール漁船にムアー地区の海域を理解させるために、パリジャワからおよそ四八km離れたバトパハのスンガランに境界を定める浮標を設置する、②侵漁の物的証拠を関係当局に提出する目的で違法漁船の写真を撮る、③取り締まり官との綿密な連絡を可能にするために、漁業者にトランシーバーを提供する、の三点であった（*NST* 16 May 1992）。

一九九三年三月には、違反操業に対する罰則が強化された。政府漁業局は、漁船と漁具のライセンスなしに操業する者に対して、最高一〇万リンギットの罰金、二年以上の懲役、漁船・漁具の没収を定めた。この背景には、関係当局によって強化されたパトロールが半年くらい前から緩和され、その結果再びムアー地区の海域にトロールの違反操業が増えはじめたことがあった。

トロール漁船と関係当局の取り締まりとは、ある面において「いたちごっこ」の様相を呈している。トロール漁船は、警備艇に見つかることのないように、ムアー地区内の漁村近くの水域まで入ってくる。そして、通常午前六時から漁を開始する。この時刻は警備艇が報告のためにバトパハにある基地へ戻った後である。トロール漁船は警備艇が再び任務につく午前八時には漁を終え、その漁場から離れる。トロール漁船は「地元の沿岸漁業者から魚を盗むために」作戦を絶えず変更し続けているのである（*NST* 14 March 1996）。

マラッカ海峡一帯は、一九九七年にはスマトラ島南部およびカリマンタン島の森林火災によるヘイズ（煙害）をこうむった。この時期、トロール漁船がトーホー岬でヘイズを逆手にとって違法な操業を続けていたことが報告されている。各漁船は性能のよい航行システムを搭載しているので視界の悪い海上でも操業が可能であった。中間線を越え、インドネシア領海にまで侵漁した漁船も多かったと推定される。

一九九七年一一月には、ムアー漁業地区の漁業者がパリジャワ漁業公会の呼びかけによって集会を催し、引き続くトロールの違反操業と関係当局によるパトロールの無力さに抗議する行動を展開した（*NST* 21 November 1997, *NST* 22 November 1997）。また、彼らの伝統的な漁場を侵入者から守るために、ムアー・バトパハ漁業者実行委員会を立ちあげた。約三〇隻の違反トロール漁船が一〇〇〇人以上にのぼる地元漁業者の「稼ぎの場」を侵害することは許せない、というのであった（*NST* 9 April 1999）。

沿岸漁場で資源を求めて引きおこされるトロールの違反操業とこれによる資源枯渇に対して、漁場ならびに漁獲対象が競合するかご漁業は、どのように対応してきたのであろうか。一九九一年から二〇〇〇年までの漁場利用の変化をたどりながら、この問題点について考えることにしよう。

内なるコンフリクトから外なるコンフリクトへ

●沖合出漁と機械化

私がパリジャワで調査を開始した一九九一年、沿岸のかご漁場では資源の枯渇がすでに顕在化していた。漁業者は、漁獲量減少の原因として、違法に入漁するトロール漁船の操業を第一にあげた。すでに述べたように、かごとトロールは漁獲対象が競合することはもちろん、トロール漁船が目合の細かい漁網で幼魚までも捕獲し、産卵場所を破壊することによって、水産資源の再生産システムを傷つけてきたのである。しかもトロール漁船は海底を袋状の漁網で引っぱりまわす漁法の性格上、すでに沈めてあるカゴをその場所から移動させたり、破壊したりすることもあった。

沿岸漁場の荒廃に対応する措置として、かご漁船の中には、水深が深い未利用の沖合漁場へ出漁するものもあった。豊度の大きい漁場へと利用域を変更して、既存漁場の荒廃に対応したのである。この操業を支えたものは、漁業者がコンピューターと呼んで崇《あが》めるGPSと魚探であった。漁業者は、かつては海岸部の近くにあるさまざまな構築物や高木を前方の目標物、陸域に見える

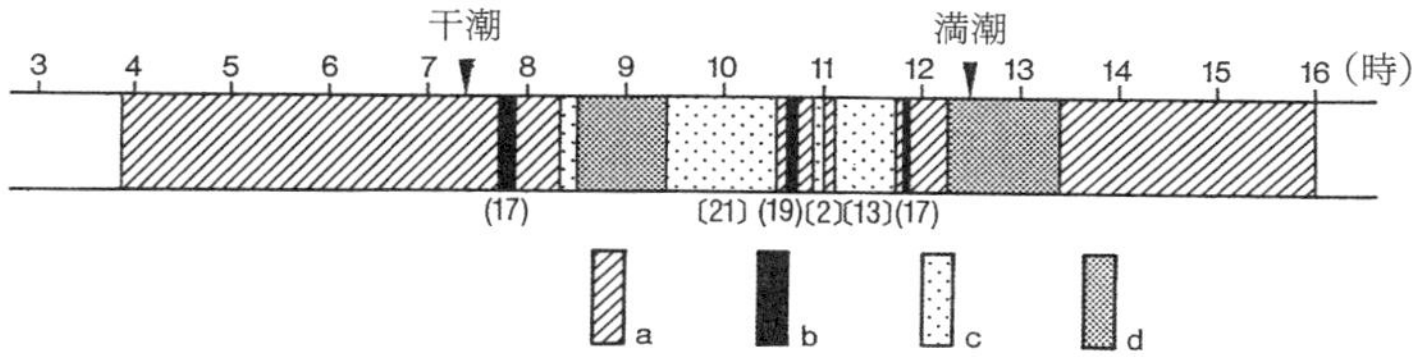

a. 移動　b. かご敷設　c. かごあげ　d. その他
(　) は敷設したかごの数, 〔　〕は引きあげたかごの数

かご漁業活動（1991年 8 月 1 日）

丘や山の形状を後方の目標物とし、これらを利用した簡易三角測量技術を用いてかごを沈めた場所を記憶した。この技術を華人は看山景《カンサンチン》、マレー人はコンパスを意味するペドマンと呼んだ。簡易三角測量技術は、一九九〇年代前半に導入されたGPSによってほとんど不要になった。しかも魚探の使用によって水深および海底の起伏を容易に読みとることもできるようになり、漁業者が好漁場と考える、まわりよりも一層深い場所を見出し、かごを沈められるようになったのである。

幅の狭いマラッカ海峡における沖合出漁は、インドネシア領海に侵入することを意味する（田和 一九九六）。しかし、そこはインドネシアの漁業者があまり入漁しないことからマレーシア領海より資源量が多く、かご漁業者にとっては都合のよい場所であった。

●沖合出漁のかご漁船に乗る

上図は、冒頭に示したかご漁船の海上における漁業活動を図化したものである。この漁船は新しいかご一七個を積みこんで出漁した。出漁域はインドネシア領海であった。まず、積んできたかごを新規の漁場へ投入した。

続いて、別の漁場に移り、すでに沈めておいた二一かごをあげた。この間にインドネシアの警備艇に拿捕されている。次の場所で、前に引きあげたかごのうちの一九かごを新たに投入、さらに別の漁場で一五かごをあげた。漁船を移動させた後、船上に残しておいた二かごを加えた一七かごを投入した。その後、一二時一五分から一三時二五分までの七〇分間、かごを探している。しかし、結局かごを見つけることはできなかった。乗組員は、この理由として、かごがトロール漁船に引っかけられ、沈めてあった場所から動いてしまったためであろうと説明した〔田和 一九九二〕。インドネシア領海においてもマレーシア側から進出したかご漁船とトロール漁船とのあいだに競合関係が生じていたと考えられる。

このかご漁船は、それまでにも越境する行為を繰りかえし、インドネシア警備艇による取調べを受けていた。拿捕された時には罰金を支払うことが日常化していた。出漁に際して現金を携えていくことからも越境の繰りかえしは明らかである。当時、マレーシアではフエダイやハタ類などの魚価が高騰していた。したがって、沖合でインドネシア官憲の取調べに遭い、たとえ罰金を支払ったとしても、帰港して漁獲物を販売すれば十分に採算があった。パリジャワのすべてのかご漁船がインドネシア領海へ出漁していたこともあったという。

漁業者たちは、警備艇に拿捕されないよう操業に工夫をこらした。それは、幹縄につなぐかご数を少なくしたことにあらわれている。華人漁業者は一本の幹縄を一串と表現する。このかご漁

かごあげ活動

船は、一串に一五～二一かごをつけていたが、その後、一串を九かご前後に減らしたという。かごが多いほど幹縄の長さが長くなり、その分、縄をフックで引っかけるには有利である。しかし漁業者たちは、すでにGPSを所有し、沈めた場所を高い精度で認識することができるようになっていた。そこで、むしろ一漁場での操業時間を短縮することによって、警備の目をかいくぐろうと考えたのである。

●かご漁法の技術移転

この間、船主の中には、一九九三年から一九九五年にかけての一年半、インドネシアの漁業者と共同操業の許可を得て、スマトラ島北部のインド洋側沿岸部にかご漁を導入したものがいた。正式な許可に基づく新規の漁場開拓である。北スマトラ州のシボルガに根拠地を置き、地元の漁船四隻を使い、技術指導しながら操業したという。操業域は、北はアチェ州南部のシンキルバルー沖から南は西スマトラ州のパダン沖までの四〇〇km以上にわたる沿岸部であった。しかし、周辺海域の潮がわりがよくないために魚の入れかわりが少なく、資源はすぐに枯渇した。一年半で撤退したのはそれが原因であった。一九九四年、正規の漁業許可を得て、インドネシア海域に入漁した別のかご漁船もあったが、この漁船は、二年目に法外な入漁料を要求されたことから採算があわないと判断し、結局一年間で撤退している。

高級魚が中心の漁獲物

●拿捕事件の多発

一九九七年一〇月、マラッカ海峡でヘイズによる被害が大きくなった頃、インドネシア当局は自国領海に侵入するマレーシアの漁業者に対して警備を強化した。視界の悪さから誤ってインドネシア領海に侵入したものも含めて、パリジャワの漁業者が拿捕される事件が新聞紙上で

かご漁業活動（1998年5月13日）

識別番号	漁船の緯度（北緯）	漁船の経度（東経）	水深（m）	開始時刻	終了時刻	活動時間(分)	かご数	漁獲尾数
かごあげ①	1°54'23"	102°30'91"	22	10：11	10：30	19	8	10
かご敷設①	1°54'06"	102°30'74"	24	10：37	10：40	3	8	
かごあげ②	1°54'21"	102°30'89"	21	10：44	11：26	42	6	8
かご敷設②	1°54'03"	102°31'07"	26	11：32	11：35	3	6	
かごあげ③	1°53'52"	102°30'76"	24	11：41	12：07	26	9	5
かご敷設③	1°53'93"	102°30'89"	26	12：12	12：15	3	9	
かごあげ④	1°49'08"	102°33'01"	26	12：50	13：00	10	0	0
かごあげ⑤	1°48'84"	102°32'67"	26	13：07	13：35	28	9	48
かご敷設④	1°48'92"	102°32'80"	25	13：40	13：42	2	9	
かごあげ⑥	1°49'01"	102°33'03"	24	13：45	14：07	22	0	0
かごあげ⑦	1°48'98"	102°33'25"	25	14：11	14：52	41	10	10
かご敷設⑤	1°49'14"	102°33'22"	22	14：55	14：57	2	10	

（緯度、経度は方向探知機から、水深は魚群探知機からのデータに基づいている）

報道されるようになったのはこの頃である。一九九七年一〇月の*NST*は、この海域で操業していた九隻のかご漁船が不必要な危険を望まず、安全性を考えて出漁を見あわせたと伝えている。聞き取りによれば、インドネシア警備艇の中にはマレーシア領海内に入り、マレーシアの漁業者を拿捕していた船もあったという。インドネシア官憲に捕まるよりも、漁船や漁具を修理していたほうがましであると考え、出漁を見あわせた漁業者もいた（*NST* 27 October 1997）。漁業者は、インドネシア当局による「いやがらせ」によって出漁に不安をいだいていることから、マレーシア政府に対して、警備艇による拿捕を軽減するようにインドネシア政府と話しあってほしいと訴えた（*NST* 27 October 1997）。かご漁船は、この頃から治安の悪さを理由に従来のマレーシア沿岸域での操業へと戻っている。

●ふたたび沿岸域での操業

マレーシア領海沿岸部に戻ったかご漁船はどのようにして操業を続けているのであろうか。乗船調査による観察例を中心にそのことについてあらためて分析してみたい。

一九九八年五月、Y氏兄弟が所有する一〇t未満の木造動力漁船に同乗し、調査をおこなった。一九九一年にも乗りこんだことがある。その当時は浮刺網とかごを併営していた。浮刺網を投網したのち魚の罹網を待つ時間帯に、すでに沈めておいたかごをあげていた。一九九一年にはGPSを搭載していなかったために、簡易三角測量によって敷設場所を確認していた。

かごあげおよびかご投入の場所、時刻などを示したものが右の表である。緯度、経度はGPS、水深は魚探の数値によった。漁場域は、パリジャワ沖合の北緯一度四八分八四から一度五四分二三まで、東経一〇二度三〇分七四から一〇二度三三分二五までの範囲、水深はおよそ二〇mから二六mである。北西から南東へ向かって順にかごあげ、敷設を繰りかえした。すなわちパリジャワの沖合約一五、一六kmをほぼ沿岸部に沿って操業したのである。かごは沈めてから二~三週間おいたものであった。

引きあげたかご数は七漁場で合計四二、敷設数は引きあげたものをすべて再投入したので、同じく四二であった。ただし投入場所は五か所であった。一串のかご数は六~一〇であった。このようにかご数が少ないのは、沿岸に多くのかごが沈められており、他人の沈めたかごの幹縄と自分のものとが重なってしまうことを回避するためであった。インドネシア領海で操業していた時に一漁場での操業時間を短縮する目的でかご数を少なくした戦略とは異なっている。

かごあげ活動は、順調には進まなかった。かごあげ②の活動時、一〇時四九分に幹縄がフックにうまく引っかかり、すぐさまかごあげが開始された。一〇時五二分には一かごがあがってきた。しかし、それはY氏らが沈めたものではないことが、かごの形状と金網に付着した海藻の量から判断された。すなわち、漁場に複数の幹縄が重なっていたのである。このようなことは頻繁に起こるらしい。漁業者がかごを沈める場所が限定されていることに加え、各漁船が多くの場所にかごを沈めることによって、漁場全体がますます狭隘化していると考えられる。かごは、中に入っていた魚を取りだしたあとすぐに海中へ戻された。

かごあげ④では一二時五〇分に漁場に到着し、フックを投入した。しかし、一〇分間フックを引いても幹縄を引っかけることができなかった。かごあげ⑥においても同様の行動が見られた。二漁場とも結果的にかごをあげることができなかった。トロール漁船がかごを引っかけて別の場所に移動させてしまったか、幹縄を切断してしまったかのいずれかであるという。沿岸部のゾーンAではトロール漁船の違反操業が依然として続き、かご漁業にも影響をおよぼしていることが推察できたのである。

●インドネシア漁船の違反操業

ところで、一九九八年六月には一二隻からなるインドネシアのトロール漁船団がマレーシア領海で違反操業していたことが報道されている。この年からインドネシア漁船による違法な操業が始まったという。その理由は明らかではないが、かご漁業者は数か月の間に六〇〇以上のかごを破壊され、金額にして約九万リンギットの被害を受けている。六月二〇日には四人が二三六かごを破壊され、総額三万五四〇〇リンギットの被害を受けたとの届けを提出している（*NST* 20 June 1998）。

海賊行為と漁業者

●海賊行為——ねじれた現象

ここまで、マレーシア領海内で起こるマレーシアの漁業者同士の漁場紛争を「内なるコンフリクト」、そしてマレーシアの漁業者がインドネシア領海に出漁することによって発生した漁業問題を「外なるコンフリクト」と基本的にとらえ、漁場利用を分析してきた。次にもうひとつ、漁場をめぐる新たな問題を指摘しなければならない。それは、「内なる／外なるコンフリクト」という概念ではとらえにくい、ねじれた現象ということができる。

パリジャワの漁業者は、海賊行為におびえている。その行為は物品の略奪のみならず誘拐にまで及んでいる。一九九八年五月までの過去二年間に五〇人の漁業者が漁網三〇〇〇セット（一セットは網丈約一二〇ｍ）と数多くのエンジンを奪われ、被害総額は四〇万リンギットにのぼっている（NST 4 June 1998）。二〇〇〇年六月までの過去三年間においても、少なくとも五〇人の漁業者が漁船、エンジン、漁網、漁具などの窃盗被害に遭っている。一方、誘拐は身代金目的である。海上で漁船ごと強奪され、スマトラ島沖の小島に連行される。そこで船長が拘束され、残りの船員は、漁船とともにパリジャワに戻される。船員は身代金をそろえて再びインドネシア領海まで行く。そして海上で船長と身代金との受け渡しがおこなわれるのである。

左の表は、パリジャワの漁業者がこうむった海賊行為にかかわる新聞記事を整理したものである。海賊事件が記事として扱われだしたのは一九九八年以降である。一九九八年四月から五月にかけては、一一人が、武装した海賊に襲われたのち誘拐され、結果として合計五万四〇〇〇リンギットの身代金が支払われた。四月一八日には六名が、パリジャワ沖一〇カイリの海上において、銃で脅され誘拐されている。彼らはスマトラ島沖のベンカリスに近い小島バンタントゥンガーへ連行され、身代金の支払いを強いられた。一人につき六〇〇〇リンギットの支払いに応じている。五月三〇日には三人の漁業者が、ムアーのパリブラット沖一〇カイリのマレーシア領海内で、武装した海賊に捕えられ、バンタントゥンガー沖三カイリに連行された。彼らはゆでバナナ、コー

海賊行為による漁業者の被害

年　月　日	場　所	被害者数	事件の経緯
1998. 04. 18	パリジャワ沖10カイリ	6	銃で脅されて誘拐、ベンカリス近くへ連行、1人あたり6,000リンギットで解放
1998. 05. 23		2	1人あたり2,000リンギットで解放
1998. 05. 25	パリジャワ沖10カイリ	2	4,000リンギットを支払い解放
1998. 05. 27	パリブラット沖10カイリ	3	漁船を捕まえ、銃で脅す。漁業者は身代金要求に応じず、逃走
1998. 05. 30	パリブラット沖10カイリ	3	4人組に襲われ、ベンカリス近くへ連行、14,000リンギットを支払い、翌日解放
2000. 06. 19	パリバキ沖10カイリ	2	4人組、漁網を強奪し、漁業者を海中へ放り投げたあとインドネシア側水域へ逃走
2000. 09. 18	スンガイプライ沖2カイリ	2	5人組、ピストルとナイフで武装。漁船ほかを盗まれる。犯人はインドネシア語アクセント

（*NST* のパリジャワ関連記事（1991〜2000）より作成）

ヒー、タバコなどを与えられたという。海賊は二万リンギットを要求したが、結局一万四〇〇〇リンギットで話がついた。解放されパリジャワに戻った二人は、準備した身代金を携えて再び出港し、パリジャワ沖二七カイリの海上で海賊のリーダーにそれを手渡した。

漁業者によれば、被害は実際にはもっと多いという。犠牲者は海賊からの報復を恐れて事件を速やかに報告しないのである（*NST* 29 May 1998）。漁業者は、沿岸から一〇カイリ以内で事件に遭遇している。彼らは、中間線を越えてインドネシア領海へは決して入漁していないと主張する。

パリジャワ漁業公会は、一九九八年五月に海賊行為をなくすために、二〇〇人の漁業者による自警団を立ちあげた。漁業者は集団で操業すること、できるだけ沿岸域で操業することという自衛手段も講じている。一九九八年六月には、政府が、漁業者からの要請に応じて、マレーシア領海に侵入する外国船を阻止するために、マラッカ海峡のパトロールを強化することを関係諸機関に命じた。海上警察は、空・海からの取り締まりを強化している（*NST* 4 June 1998）。

マラッカ海峡沿岸部に暮らす人びとの間には経済的な格差が厳然として存在する。持たざる者が、持てる者から金品を奪いとる行為が漁業の背後にたち現れてきている。海賊たちは奪った金品を彼らの住む村に持ち帰り、村びとに分け与えるともいわれる。その行為が義賊化していることも報告されている。本来の漁業とはほど遠いゆがんだ構造がマラッカ海峡に出現してきているのである。

越境の構造

マラッカ海峡南部に展開する最近一〇年間の漁業を振りかえってみた時、漁業者は、資源の枯渇に対して様々な対応をしてきたことがわかる。マレーシアにおける漁場のゾーニングは、沿岸漁業者の権利を守り、資源を管理する制度である。しかし、本来、伝統的な漁法による利用だけに制限されていた沿岸漁場のゾーンに、ジョホール州南部からトロール漁船の侵漁が横行した。

トロール漁船も資源枯渇の影響を受けているとはいえ、漁業制度をまったく遵守していない。国家による資源管理体制自体が破綻しているのである。パリジャワの漁業者はトロールの侵漁に対して、沿岸漁場を守るために様々な対応策を検討してきた。地域に根ざした資源管理を目的とした行動はその実例である。しかし、それらは漁業権域を排他的に利用するための主張に終始せざるをえず、自らの資源を自らが持続的に利用してゆく資源管理論とはほど遠い。

他方において、漁業者の中には、豊度が高い、あるいは未利用資源が残されている沖合漁場へと進出した者がいた。漁場を変更することによって資源を確保し、漁業を持続させる方策である。しかしマラッカ海峡の漁場は狭い。沖合出漁は越境という行為につながる。結果的に、パリジャワの漁業者も自らの沿岸漁場については排他的利用を主張しながら、これとは矛盾する侵漁行為をおこなっていたのである。

パリジャワの中心をなす華人漁業者たちは漁業資源の管理についてどのような考えを抱いているのだろうか。二〇〇〇年八月の調査で「将来、この仕事を子供に継がせるのか」と尋ねた私に対して返答した浮刺網船主の言葉は象徴的だった。「子供には教育をつけさせ、よい仕事につかせたい。資源が少なくなって、漁業の将来もよくない。あとはマレー人たちがやればいい」。資源を持続的に利用するという認識は薄く、彼にとっては、漁業はいわばビジネスチャンスのひとつにすぎない。そこにはエスニシティーに関わるマレーシア漁業の構造も読みとることができる。

すなわち、商業的漁業を掌握している経済的に強い立場にある華人と農民・漁民的な小規模漁業者か漁業労働者の位置にあるマレー人という、マレー半島西海岸に顕著な漁業構造である。

マラッカ海峡に暮らす人びと全体が、少なくなりつつある漁業資源を共有しなければならない、と私は考える。パリジャワ漁業公会の役員は、「我々は技術と専門性を有している。一方、インドネシアの漁業者は豊かな資源を有している」、「我々は漁業の可能性を開発するために協力してゆくことによって利益を享受することができる」(*NST* 27 October 1997)と発言する。パリジャワの漁業者の中には、一九九六年からスマトラ島沿岸で鮮魚を集荷し輸入している者や、漁具材料を調達している者もいる。ここでもインドネシアはマレーシアの漁業者にとってよいビジネスチャンスを提供する存在であるにすぎない。この構造をかえ、マレーシア・インドネシア両国の人びとによる主体的な資源管理、流通機構の整備などを考えてゆくことが、海賊行為もなくす近道であると思うが、その道すらとても険《けわ》しい。

2　漁業者の知恵

資源をいかに管理するか

漁場とはいったいなんだろう？　そんなことを考えながら、一九九八年と九九年のいずれも八月、南タイをめぐった。漁業経済学者に初めて同行したフィールドワークであった。山尾政博さんは、東南アジアの漁業資源管理に詳しい、学界きっての国際派である。そして、山尾さんのもとに留学中のタイ人女性パタリヤ・スアンラッタナチャイさんが案内役に加わった。タイ語に堪能な山尾さんに引きずられるように、多くの漁村を訪ねた。

ところで私は、漁場というものを、水産資源を獲得する場所として人間が創造した空間であると考えている。魚を水中から取りあげるまでには不確実な要素が実に多い。そのような空間で、漁業者は、魚を獲得する確実性を増そうと努力し、さまざまな知識と行動を身につけてきた。このような、漁業者がもつ知識を検討したり、漁業活動を解明し、さらに漁業をめぐって現実に引きおこされる諸問題を分析したりすることなど、漁場に関わる一連の研究を、私は「漁場利用形態の研究」(田和 一九九七)と呼んでいる。

一九九〇年代に入る頃から、毎年のように東南アジアを中心に西南太平洋の沿岸を歩いてきた。各地でたくさんの「魚とる人びと」と様々な漁業に出会うことができた。今、各地の漁場利用形態から学んだ数々の問題をキーワード風に並べると、「資源の枯渇」、「資源をめぐるコンフリクト」、「新しい資源の獲得」、「伝統的漁業の崩壊」、「違法入漁」、「違反操業」、「乱獲」、などが思いだされる。訪ねた地域がそうなのか、あるいは自らの研究視点がそうさせるのか、漁場を取りまく有効な資源管理の方法や資源の持続的利用といった概念からはほど遠いキーワードがほとんどである。また、それぞれのキーワードに潜む問題も多岐にわたっている。「違反操業」ひとつを取りあげても、たとえば第3章でみるように、インドネシアやフィリピンでは、シアン化合物を用いた魚毒漁《ぎょどく》によってハタ類が活魚として漁獲され、それらが香港など海外に輸出されている。同じ地域に住む小規模漁業者の間では、漁網がなくとも漁獲が可能でしかも材料の入手も比較的簡単なことから爆薬漁が広がりをみせている。これらを理解するためには、環境問題とともにグローバル化する経済システムや国内の社会経済状況を視野に入れなければならない。

水産資源の利用と管理に関する問題は、食料の確保と安定供給という点でも、世界的に重要であることはいうまでもない。ただし、問題を解明するにあたって中心的な役割を果たしてきたのは自然科学的な研究であった。しかし、資源を管理する行為は、価値観や好み、積極的な期待感などを内在する人間の側の問題であり、そこには経済的、社会的、文化的な側面が大きく関与している。とくに、小地域に目を向けたとき、そこに住む漁業者たちは地域固有の知識を保持しつつ、長年にわたって漁場環境に対峙してきたことがわかる。これらを評価し、それに応じた漁場利用の制度を考えるためには、社会科学者によるフィールドに根ざした系統的かつ長期にわたる資

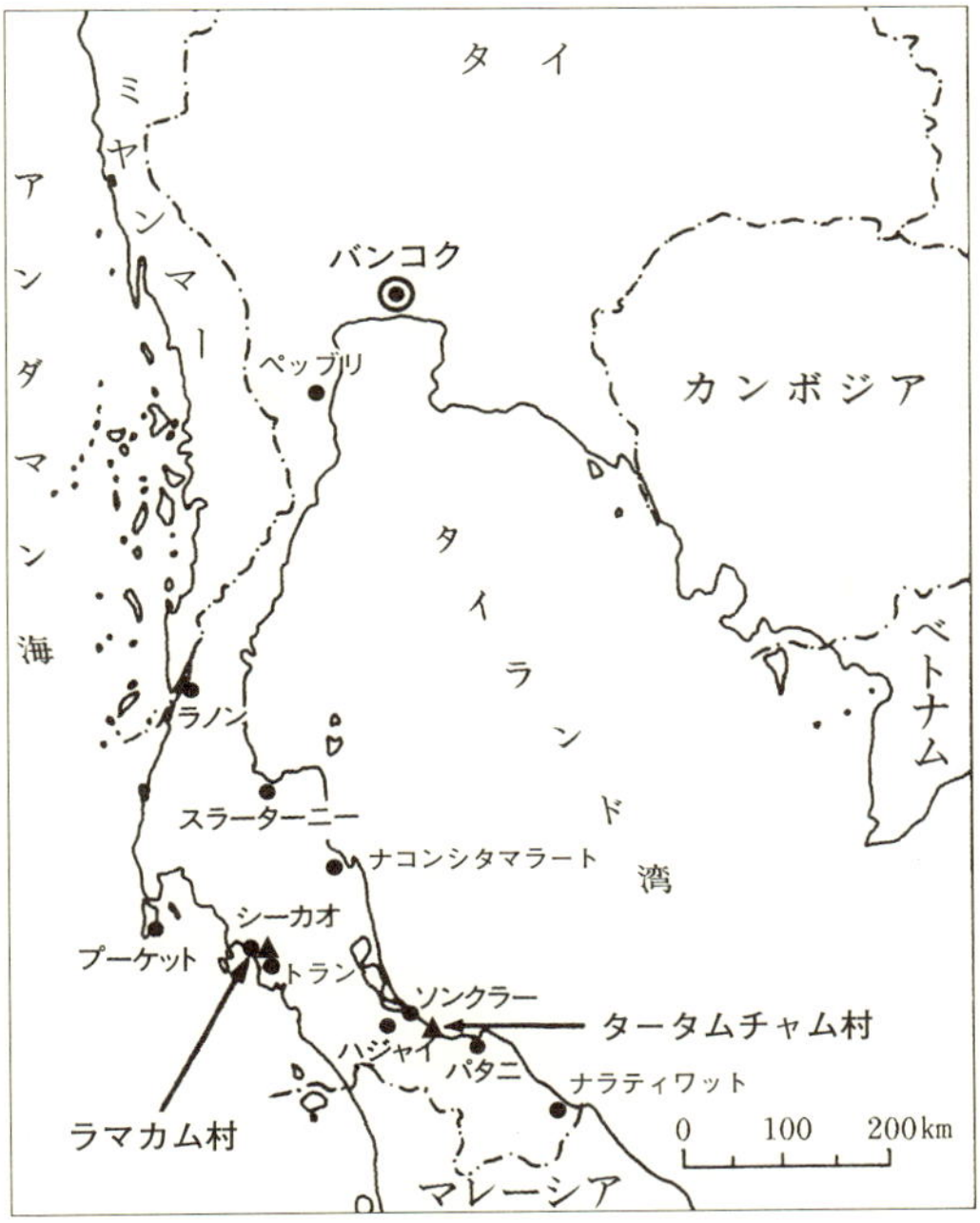

(矢印は調査村の位置を表す)

タイ南部

料収集が必要となる。

本章では、これらのことを念頭におきつつ、南タイにおける水産資源の利用と管理について考えてみたい。まずタイの資源管理の現況を大まかにとらえ、その後一九九八年、プーケット島を起点にアンダマン海側を南下した時に訪ねたシーカオ湾のラマカム村、そして一九九九年にタイランド湾側、ソンクラーからナラティワットまで旅した際に出会ったパタニ近郊のタータムチャム村、両村における資源管理に対する具体的な取りくみを取りあげることにしよう。

タイの資源管理

タイには、国家的規模の漁業管理システムが存在する。一九九二年、政府は主要な漁業資源の減少に対応して、持続的な資源開発を求める政策を導入した。しかし、各地でみられる乱獲の状況、商業的漁業と小規模漁業との紛争などをみると、政策の効果が十分にあがっているとはいいがたい。タイの漁業政策には、持続的な資源利用に対する意識や漁場環境への配慮が欠けているという指摘もなされている（山尾 一九九九）。政府水産局はこうした問題への対策として、小規模漁業の質的改善をおこなう漁業発展計画を進めている。漁業者の九〇パーセントが規模の小さな漁業に従事していることを考えれば、計画の必要性はうなずける。

計画には短期的な目標と長期的な目標とがある。短期的な目標は、小規模漁業者の社会的・経済的地位を上昇させること、沿岸漁場の生産力を向上させること、漁業労働を促進させること、などである。長期的な目標としては、最大の利益を得るためにはどのようにして資源を配分すればよいか、小規模漁業者と商業的漁業者との紛争はいかにして防げるか、漁業労働を地域へ定着させるにはどのような方法が考えられるか、といった課題に対して解決の道をさぐることがある（Pomeroy 1995）。そのほか、地先水面での人工魚礁の敷設、水揚場、加工場など漁業および漁村の基本的なインフラの整備、資金貸付けや漁業情報の提供といった制度的な支援などを目的とする小規模漁業発展プロジェクトも実施されている。

水産局は、過去の経験に基づいて、漁業資源がオープンアクセスの状態で存続し、諸規則の施行が効果的でないかぎり、政府がおこなう発展計画のみでは長期的な目標を達成できない、と考えている。すなわち、政府主導型のいわゆるトップダウン的な漁業計画と漁業管理よりも、むしろボトムアップ的なそれの方が効果的であるとみているのである。また、水産局が取りくむ漁村開発は、包括的なアプローチによるものであり、地方中核都市を対象にした拠点開発方式からミクロの漁村を対象にした開発方式への転換を示すものでもある。しかも、生産力の向上に偏重した漁村開発から脱却し、資源の持続的な利用に力点をおいた開発へと重点が移っている。また、マングローブ域や隣接する陸域を含む資源環境を総合的に管理する視点（Integrated Coastal

Management）が取りいれられようとしているのである（山尾 一九九九）。

それでは、小規模な地域で実際にどのような漁業管理がおこなわれてきたのだろうか。二つの事例村、ラマカム村とタータムチャム村からそのことを考えてみよう。

マングローブを守る島

ラマカム島は、アンダマン海沿いのシーカオ湾に位置している。周囲にマングローブが繁茂する小島である。行政的にはトラン県シーカオ地区に属する。島には、ラマカム、バントゥン、ラムサイの三つの漁村がある（口絵❶）。

ラマカム島はかつて約一〇万ライ（一ライは〇・一四ha）のマングローブにおおわれた島であった。このマングローブの利用と沿岸の水産資源の獲得が、島の雇用機会を生みだし、経済開発の重要な位置を占めてきた。ラマカム村に注目しながら、水産資源の利用と管理の時間的変化をたどってみたい。

ラマカム村は一九九八年現在、世帯数一二〇、人口五八〇人である。漁業世帯は一一八におよぶ。近年、水産局の発展プロジェクトが導入され、漁業者による自発的なマングローブの管理がなされた村でもある。

大規模な炭焼き小屋：シーカオ湾

村では、一九六〇年以前には沿岸での釣り漁が主体であった。これに加えて投網やチャムアックと呼ばれる突き漁がおこなわれていた。ここに一九五八年、マングローブの伐採が政府によって計画され、伐採したマングローブを用いた木炭の製造が開始された。そのため村びとは、漁業とともに伐採や炭焼き作業に従事することになった。一〇種類あるマングローブのうち、五種類が木炭製造の対象になったという。計画導入後間もなく開始された第一次国家経済社会開発計画（一九六一〜一九六七年）の間に、マングローブ林に関する諸権利は民間の業者へ移行した。伐採は、国家への収入とともに民間会社に対しても利益を生みだし、伐採面積はさらに拡大したのである。

一方、マングローブ林が木炭製造によって急激に減少したことが、水産資源に対して負の影響を与えることになった。すなわち、木炭製造が導入される以前には地先の内湾で多くの魚が漁獲されていたが、マングローブの減少とともに漁獲が少なくなってきたことに村びとは気づきはじめたのである。ただし、村びとはマングローブと漁獲状況との関係を依然として十分に理解するにはいたらなかった。伐採が水産資源の枯渇に影響していると見当がついたものの、村ではとくに対処することのないまま、その後、約二〇年が経過したという。

資源の枯渇が進むなか、一九八三、八四年頃、村びとの手によって、プッシュネットが導入された。これは、漁船の前に大型の押しさで網を装備し、水深に応じて漁網の敷設深度を変えながら、主として中・底層の魚類を捕獲する漁法であった。こうした漁獲強度の大きい技術を導入することによって、漁獲量の減少に対応しようとしたのである。しかし、これがさらなる漁業資源の枯渇をまねいた。多くの幼生や稚魚がともに漁獲され、海藻も根こそぎ抜きとられる結果となった。しかも、プッシュネット漁業者と伝統的な小規模漁業者との間に漁場の利用をめぐって紛争も生じた。

一九八五、八六年頃には村の有志が集まって、漁業問題やその他、村内に生じた諸問題について議論する任意の団体「村の漁民グループ」が組織された（正式のグループ結成は一九八九年である）。一九八五年にはタイのＮＧＯ組織ヤフォン（Yadfon タイ語で「雨滴」の意味）が村に入った。ヤフォンは住民の考え方に対する教育的指導を目的のひとつとしていた。この年、村の指導者と漁業者、ヤフォンのスタッフが協力して、マングローブ植栽プロジェクトを立ちあげることを決定している。指導者は漁業者に対してマングローブ林の重要性、そしてこれが漁業とい

マングローブが植栽されたラマカム村の沿岸

かに関係が深いかを説明し、彼らにこのプロジェクトへの参加を呼びかけた。かつての伐採地が植林の対象地になったのである（Phattareeya 1999）。そしてまず、村の後方にある湿地八〇〇ライに、マングローブの種子が移植された。その後、教員、警察官、軍関係者、水産局の職員なども植栽活動に協力した。

村の前にある小島には国有林と村有林が混在しているところがある。この部分の植栽は依然として放置されたままである。また、村は一〇万ライのマングローブ林を管理することを求めたが、政府はそれを許可していない。

プッシュネットは一九九五年頃には使われなくなった。資源量が少ないことから採算が合わず、約一〇年で撤退したのである。漁業者は、自力であるいは商人から資金を援助してもらい、カニ、エビ、キスなどを漁獲対象とする刺網漁やイカかご漁へと転換をはかった。他方、木炭製造は、一九九六年まで続けられた。これは民間の業者が、政府が認めたマングローブ伐採権を持っていたためである。

マングローブの植栽、漁獲強度の大きい漁業種類の撤退、木炭製造の停止を通じて、はたして魚は戻りつつあるのだろうか。村びとは、植栽に効果があるのか、まだ評価をくだすことはできないとしながらも、近くの湾で魚がまたとれはじめているという。

漁業の衰退にともなって、新規に導入された養殖漁業についても補足しておこう。ヤフォンがおこなった援助のうち、もっとも大きなもののひとつは、養殖漁業の導入であった。当時、東南アジア各地で活魚としての利用が急速に普及してきたハタ類（プラカオ）の養殖が開始された。水産局も同じ時期にアカメ（プラカポン）およびミドリイガイ養殖を村に導入している。このうち現在でも続けられているものはハタ養殖のみである。アカメ養殖は餌代が高騰する一方、魚価が安値で採算が合わなかった。ミドリイガイはもともと市場性が小さい貝類であったという。ハタ養殖も最盛時には約一〇〇世帯が従事したが、現在では約六〇世帯に減少している。稚魚がとれなくなり、その購入価格が一・五〜二倍と高騰したことから経営を断念する者が現れたためである。

漁業者は、稚魚が減った原因は近くにあるアブラヤシ搾油工場が汚水を海に流したためと考えている。一九九四年には養殖魚の大量死が発生した。この時には県の調査官に来てもらい、原因の究明にのりだした。他方で漁業者は搾油工場にデモンストレーションをかけた。これによって工場から二〇〇万バーツ（約六〇〇〇万円）の補償金を獲得し、各自が所有する生簀《いけす》で死んだ魚の数に応じてこれを分配した。さらに、工場に対して立ち入り検査ができるという合意をとりつけた。最近では、汚水は排出されていないという。稚魚の採捕量がどのように変動したか、今後、漁業者によってあらためて認識されることになるだろう。

プッシュネットの侵漁をどう防ぐか

タータムチャム村はタイランド湾口パタニの北方に位置する漁村である。村のある場所はかつて砂州島であった。約二〇〇年前、ここから二〇〇㎞北方の同じタイランド湾岸にあるナコンシタマラートから漁業者が移住し、集落が形成されていったといわれている。

沿岸域およびマングローブにおおわれたクリークが村びとたちの漁場である。海面を利用する漁船数は約七〇隻、クリークを利用する専業漁業者は約二〇名いる。海面では、エビ刺網（大型の刺網は主として一一月〜三月、小型のものは周年）とカニ刺網（三月〜一〇月）がおこなわれる。海産ナマズをねらう刺網もある。いずれも三〜一〇馬力の船外機をつけた小型船に一ないし二人が乗り組む小規模な漁業である。出漁域は沖合約三㎞までの範囲である。一方、クリークでは、小エビを捕獲する刺網、小型袋網（ポンパン）、カニ捕り用のトラップ（レオ）、ハタの稚魚やカニをとるかご（ロープ）などが使用される。一一月から二月頃にかけてのモンスーン時期には海が荒れるため、海に出ている漁業者の中には、この時期のみ、クリーク利用に切りかえる者もいる（口絵❷）。

村では、刺網でエビを漁獲するために、二〇～三〇年前から漬柴状の人工魚礁を海中に投入していた。これは八m以上の長い竹にココナツの葉を結わえ、砂をつめた砂糖袋を重石としてつけたものである。

タータムチャム村

最近、大型のプッシュネット漁船が、カタクチイワシ類を求めて村の地先に入漁するようになった。これらの漁船は、パタニ、ナコンシタマラート、スラーターニー、ペッブリなど、タイランド湾沿いの主要な漁業地域からやってくる。プッシュネットはすでに述べたように、さまざまな水深に対応できる漁獲効率のよい漁法である。これが村の地先の水産資源を急激に枯渇させた。村はパタニ県当局に対してプッシュネットの入漁を禁止するように陳情を繰りかえしたが、県側は資源枯渇の原因を特定できないとして、何の対応もしなかった。そこで、村は近隣の村とも協力し、自ら海を保全し資源を保護する目的で地先に人工魚礁を敷設し、プッシュネットの入漁に対応しようとした。かつてはコンクリート製の重石をつけた魚礁を入れたこともあったが、これは漬柴からはずれて沈んでしまうことが多く、プッシュネット対策としての効果が低かった。また、地元の漁業者がこの魚礁付近に刺網を敷設した場合、漁網をコンクリート片に引っかけて網を傷める場合も多かった。そこで、コンクリートから砂袋へと重石に改良が加えられた。

一九九三年には県当局もプッシュネット対策を開始した。一九九四年には人工魚礁の敷設事業が県全域へと広がり、ノンチェット郡の六村、パナレ郡の二村、ヤリン郡の一村がこのプロジェクトに参加した。ノンチェット郡では人工魚礁を沖合二五〇〇～三〇〇〇mの海中に敷設する計画がある。その範囲は海岸線一六kmにおよぶという。

タータムチャム村では、人工魚礁を造るために各戸が一〇〇バーツ（三〇〇円）を負担する。また、魚礁を入れる際、県から補助がない場合には、漁船のエンジン、燃料代として一戸あたり二〇～三〇バーツを負担することになっている。

人工魚礁の投入は、プッシュネットの進入を防止する目的のためだけではない。沿岸域への集魚効果を高め、ひいては地元の漁業者に良好な漁場環境を取りもどそうとする積極的な行動なのである。

タイの漁業者の知恵

ラマカム村では、村びとが主導するかたちで資源管理政策がとられてきた。政府（水産局）が実施するプロジェクトも導入されたが、決してうまくいったとはいいがたい。村びとには自らの力で資源の枯渇に対応してきたという気持ちが強いようである。資源管理に対して政府の役割が増加しつつあるとはいえ、地域固有の知識なしに平等かつ効果的な資源管理はおこなえないことをラマカム村の事例は証明している。地域固有の情報が科学的な情報を補うということもできるだろう。しかし、このような地域の情報は依然として少ないので、それらを集めるための調査が続けられなければならない。

ラマカム村、タータムチャム村いずれの事例からも、資源管理を進めてゆくには地元にキーパーソンが必要であることがわかる。これは発展途上国における資源管理で常に問われることである。地域の中からキーパーソンが出現し、その人びとのリーダーシップが発揮され、さらにはそこにNGOなどの協力によって組織が強化されることが、地域に根ざした資源管理には必ず求められる。

それにしても、資源管理が地域の漁業者に利益をもたらすといくら論じても、明らかにできない漁獲量に関する問題が、調査者の側に残されている。はたしてどれほどの魚が毎日漁獲され、どれほどの量が前年より増加あるいは減少したのか。人文・社会科学者はそれをどのようにして把握すればよいのか。堂々めぐりのようだが、漁具の漁獲効率や漁業活動時間に関する精緻な調査研究の必要性、ひいては自然科学的研究との関係づくりをあらためて感じてしまうのは私だけではないだろう。

Ⅱ

アジアをつなぐ人とモノ

様々な水産資源が、アジア・太平洋地域において利用されている。それらの利用と流通を、それらがおよぶ範囲に注目して分類すると、以下のように三つに分けることができる。

①自給自足用の食料や各種の生活用具として利用されるもの
②近隣の農耕民や都市居住者との間で交換したり、彼らに販売されたりするもの
③海外市場向けの国際商品のように、生産地からはるかに離れた域外へと送られるもの

以上の分類のうち、①に該当するものについては、地域の自然環境に応じて多種多様であることに異論はないだろう。ここでは②と③に該当する水産資源をいくつか例示してみよう。

②としては、インドネシアやマレーシアの各地で生産される塩干魚、東南アジア各地で生産される魚醤などをあげることができる。インドネシアでイカンクリン（イカンは「魚」、クリンは「干す」という意味）、マレーシアでイカンマシン（マシンは「塩辛い」という意味）と呼ばれる塩干魚は、保存のきく製品として近隣の農業地帯や都市部に流通する。魚醤は、タイでナンプラー、ベトナムでニョクマム、フィリピンでパティス、マレーシアでブドゥと一般に呼ばれている。ミナミキビナゴ、インドアイノコイワシなどの海産

魚やコイ科の小型淡水魚に塩を加えて発酵させたものである。これらも各国の基本的な調味料および食品として、国内全体にひろく出まわっている。

③には「食のグローバル化」を物語るさまざまな水産物がある。たとえば、東南アジア島嶼部各地で生産される海ツバメの巣、フカヒレ、干ナマコなどの中華料理の食材、東インドネシアを中心に養殖されているアガルアガル（キリンサイ）という海藻、汽水養殖池で大量に生産されているブラックタイガーなどがある。中華料理の食材は、香港をはじめ中国各地、台湾などへ輸出される。アガルアガルはヨーロッパや日本へ輸出され、食品や化粧品に粘りけを出す添加物として用いられている。いずれも長期保存に耐えうる「乾燥」という一次加工がほどこされた輸出産品である。ブラックタイガーは一九八〇年代になって輸出水産物として脚光をあびたもので、主として冷凍保存され、日本やアメリカなどの市場へともたらされている。

②や③では、水産物が流通する絶対的な距離を問題にしているわけではない。また、おのおのの生産地では、①～③の利用・流通形態が別個に存在しているというのではなく、二つのカテゴリーが併存している地域もあるし、三つの形態がすべて見られるところもある。さらに③については、海外からの資本が生産地に直接的ないしは間接的に投下されたわけであり、その水産資源が資本投下以前に現地ですでに利用されていたか否かについて

も、地域漁業の開発という視点から議論されなければならない問題を含んでいる。

ところで、水産資源をいかに管理し、持続的に利用すればよいのかは、地球規模の大きな課題となっている。そのような趨勢のなかで、国連海洋法条約の締結によって二〇〇カイリ経済水域が設定され、それぞれの経済水域について管理する主体が決定した。ただし、水産資源に余剰分があれば、制度上は、管理国以外の国が入漁料などを払ってこれらの資源にアクセスすることができる。しかしそれが資源の無用な乱獲や漁場紛争を生みだす場合も少なくない。また、水産物の国際貿易も、輸出国の水産業の振興と輸入国への安価な水産物の供給という二つの経済効果があるものの、産出国での水産資源破壊や環境破壊といった負の経済効果をもたらす可能性がある〔多屋 一九九六〕。

第II部では、以上のことをふまえて、「アジアをつなぐ人とモノ」というテーマを設定し、東南アジアから香港へ輸出されるハタ類を中心とした活魚流通とマレー半島の伝統的な塩干魚生産の二つを主として生産地の側から取りあげ、それらがどのような実態であるのか、そこにどのような問題が潜んでいるのか考えてみたい。

3　アジアの活魚流通

活魚ブームの背景

●アジアの海鮮料理

香港の九龍地区や香港島北部のショッピング街を歩くと、いたるところに海鮮レストラン（海鮮酒家）を見つけることができる。店頭には水槽が設けられ、そこに赤や青の大きな魚が泳いでいる。これらの魚を目あてに、多数の客が押しよせている。客は、これらの魚のうちどの魚をどのように調理して食べたいか店員に伝える。魚は、客の希望に応じて調理され、ふるまわれることになる。

観光化した漁村、海村には活魚店が軒を並べている。ここでも様々な魚介類を客の好みによって選ばせ、販売している（口絵❻）。客が買ったものは近くのレストランに持ちこまれ、好みに応じた料理となる。レストラン側は調理の手数料（油料《ヤウリウ》）と魚以外の飲食代を得るというシステムである。活魚は、このような海鮮中華料理の食材として、香港のみならず、シンガポールやマレーシアのクアラルンプルなど、華人が多く居住する東南アジアの大都市において需要がきわめて高まっている。

●活魚に潜む環境問題

活魚のなかで人気があるのがハタ科、ベラ科の高級魚である。これらは東南アジアだけでなく南太平洋各地で漁獲、集荷される。そして華人が集住する地域へと送られてくる。

このような生産・流通には多くの問題があるといわれている。たとえば、生産地では新しい生産単位が参入し活魚を大量に漁獲したり、違法操業によって漁場環境が破壊される状況が顕在化したりしている。漁場環境が悪化しつつある問題は世界的にも注目されてきた。一九九七年には、世界銀行がワシントンで破壊的漁業についてのシンポジウムを開催したし、アジア太平洋経済協力会議（ＡＰＥＣ）も活魚問題についてのワークショップを香港で催した。また南太平洋委員会（ＳＰＣ）は、サンゴ礁域の活魚に関するニューズレターを毎年発行しながら、活魚をめぐる様々な環境問題の解決に取りくんでいる。

私は、一九九三年頃からハタ科の活魚に関心を持ちはじめた。ハタを求めて、香港やインドネシアへ二度、三度と足を運んだ。その後のマレーシア、南タイ、中部フィリピンなどの調査でも機会あるごとにハタについて尋ねてみた。本章では、このような調査でめぐりあったハタ科の魚を取りあげ、その生産・流通に関わる問題、さらには資源利用と資源管理について考えてみたい。主要なフィールドは、生産地としての東インドネシア、南スラウェシ州、消費地としての香港である。

消費地・香港

●香港漁業とハタの利用

まず、香港漁業の状況を統計数値から概観することから始めよう。

一九九四年の香港全体の漁獲量は二一万九六〇〇t、金額にして二六・一億元であった。漁獲量のうちの九六%が海産魚、残り四%が養殖魚類である。漁船数は約四八〇〇隻あり、動力船はこのうちの約四四〇〇隻であった。漁業者数は二万一六〇〇人を数えた。主要な漁業種類は底曳網で、これによる漁獲量が全体の七六%を占めた。漁獲対象は、イカ類、エビ類、タチウオ、イ

露店で営業する活魚店：長洲島

シモチ、ニベ、アジ類などである。海面養殖業は新界西部の海岸一帯でおこなわれているが、カキとハタ類の養殖がわずかに見られるだけであった。

香港で海鮮料理がブームとなったのは、一九五〇年代から六〇年代にかけてといわれている（飛山 一九九七）。ブームは、まず、香港島南部の香港仔《ホンコンチャイ》と新界南西部の青山湾《ツインシャンワン》で始まった。とくに香港仔には大規模な水産物市場が開設されており、客がその市場で鮮魚を買い求め、これらをレストランへ持ちこみ、レストランがそれを料理した。これが「来料加工《ロイリウガーグン》」という手法である。この方法は、青山湾、九龍東部の鯉魚門《レイユームン》、新界西北部の流浮山《ラウファウシャン》、東部の西貢《サイクン》などでも取りいれられるとともに、鮮魚は「もっと鮮度のよい」活魚へと変化してきた。さらに、香港島西南の離島、長洲《チュンチャウ》島や南丫《ラマ》島なども、活魚の海鮮料理を楽しめる観光地として高い集客力を持つにいたった。

最も人気があり高価格な活魚が、一般に魚名に「斑」の文字がつくハタ類およびベラ類の中で最大のメガネモチノウオ（香港では蘇眉《ソーメイ》、通称英名はナポレオンフィッシュ）である（口絵❼）。い

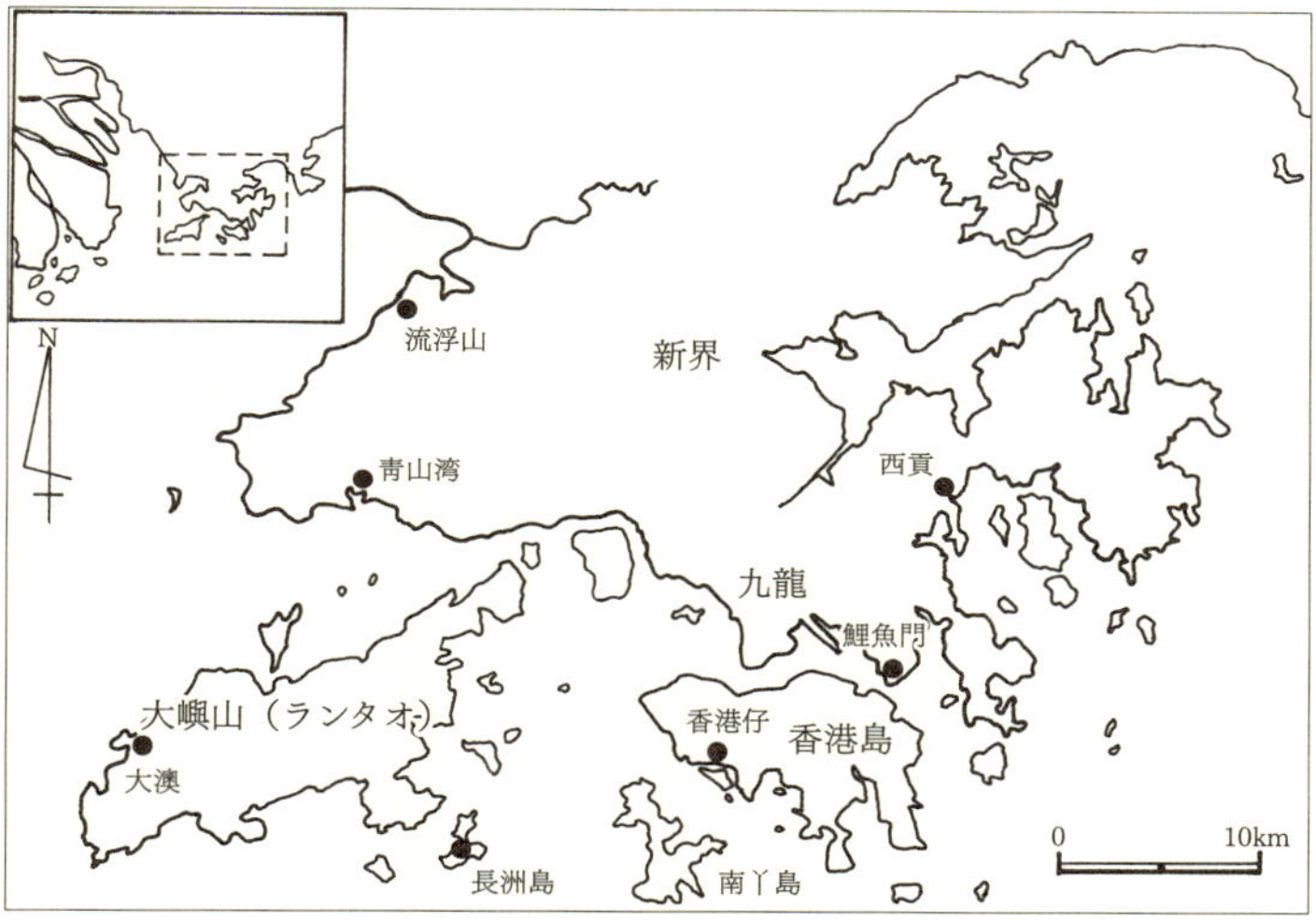

香港概略図

ずれも西南太平洋からインド洋にかけての岩礁域やサンゴ礁域に生息する、暖海性の大型魚である。

ハタ類は一尾そのまま、メガネモチノウオは切り身にして、ネギやショウガなどの薬味をのせて蒸し、その上に沸騰した油と醤油をかけた。これが白身魚の味をそこなわず、決して脂っこくなく、さっぱりとした食感をもつ調理法「清蒸《チンジン》」である。

これらの魚種は底曳網で漁獲されたものではない。岩礁域という生息環境からみて底曳網の漁獲対象にはなりにくいし、たとえ混獲されることがあっても長時間曳網するこの漁法では活魚として漁獲することは期待できない。サンゴ礁域も香港周辺には広がっていない。したがって、これらを漁獲するためには、漁場としては香港周辺以外の暖海域、漁法としては魚体を傷めることのない釣りやかごが選択されなければならない。

香港において活魚として扱われるハタ類とその他の高級魚

香港名	日本名	備考
老鼠斑	サラサハタ	ikan tikus（インドネシア名）
星斑	スジアラ	豹星、竹星、皇帝星などがある。 色彩の変異が大きい。 ikan sunu（インドネシア名）
烏絲斑（九棘斑）	ヤミハタ	体色は赤く、背びれが大きい。からあげがもっともよい。
紅斑（赤點石斑）	キジハタ	ハタ類中最も美味とされる。
青斑（青石斑魚）	アオハタ	味がよく、価格も手ごろで、親しまれている。
花鬼斑（巨石斑魚）	ヒトミハタ	ikan kerapu（インドネシア名）
油斑（名雲紋石斑魚）	クエ	広東の沿岸一帯に多い。蒸しものは星斑より味がよい。
芝麻斑	ホウセキハタ	蒸しもの、からあげによい。
芝麻斑	オオモンハタ	
鬼頭斑（鮭點石斑魚）	ノミノクチ	外観がよくないので価格は安い。
瓜子斑（藍鰭石斑魚）	？	体形が丸い。知名度はないが、味はよい。
花頭梅（金錢斑）	モヨウハタ	体形、色あいともよくない。価格は安い。
梭羅斑（縱帯石斑）	オオスジハタ	縦じまが特徴。石斑に似る。蒸すと肉は雪のように白く、皮の部分の味は格別。
黄汀（六帯石斑魚）	マハタ？	市場に出まわっているのは養殖ものが多い。
青衣	シロクラベラ	「衣」のつく魚の中では肉質、価格とも最高。
緑衣	イラ	見ためはよい。青衣と偽って売られていることがある。
紅頭（鸚歌鯉）	ブダイ科	春節（旧正月）の時、もっとも喜ばれる。
鬚眉（蘇眉）	メガネモチノウオ	angke（インドネシア名） 口絵❼

（阿部宗明監修（1987）『原色魚類大図鑑』北隆館、張文（1994）『香港海鮮大全』萬里機構・飲食天地出版社、日本魚類学会編（1981）『日本産魚名大辞典』三省堂、および聞き取りにより作成）

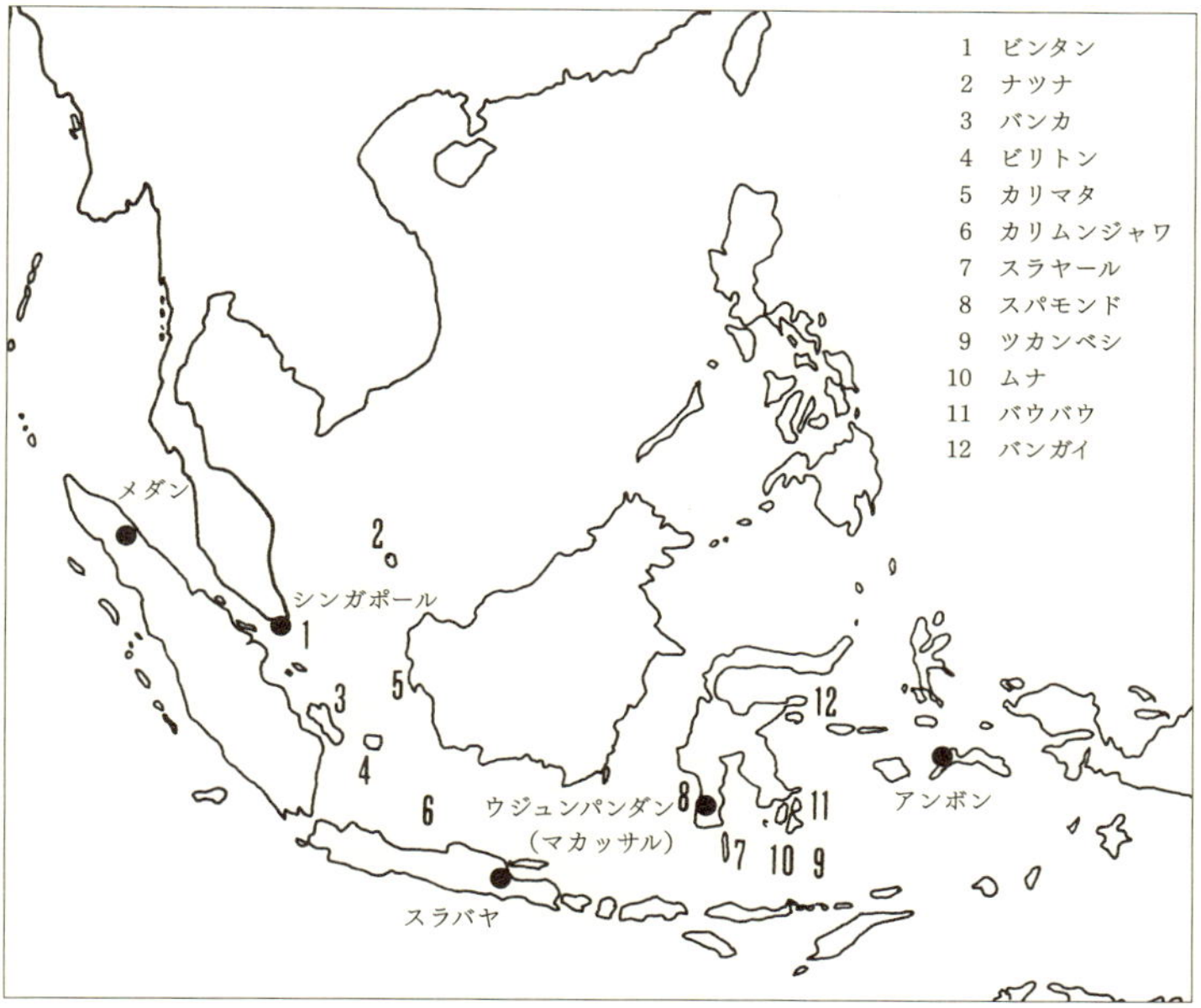

1	ビンタン
2	ナツナ
3	バンカ
4	ビリトン
5	カリマタ
6	カリムンジャワ
7	スラヤール
8	スパモンド
9	ツカンベシ
10	ムナ
11	バウバウ
12	バンガイ

ハタ類の生産地

●ハタ漁業の展開

香港で消費されるハタ類やメガネモチノウオはいったいどこで漁獲され、集められてくるのであろうか。生産は東南アジアの全域で展開していることがすでに明らかとなっている。その範囲は、西はシンガポール沖のビンタン島、南シナ海のナツナ諸島から東はインドネシアのマルク諸島まで広がっている。近年では、東南アジアだけにとどまらず、南太平洋諸国での活発な漁獲も報告されている。沖縄、八重山地方で養殖されているヤイトハタを中国人バイヤーが買いつけに来るという話も地元の漁業者から聞いたことがある。

海洋人類学者の秋道智彌が一九九二年、

九三年に調査したマルク諸島のカヨア島、ケイ諸島、アルー諸島では、香港からの輸送船が、直接、現地で活魚を獲得し輸送するシステムが成立していた（秋道 一九九五）。南スラウェシのスラヤール島で活魚を香港へ運ぶネットワークが機能していることや、マカッサル海峡北部の小島マラトゥアでも、香港からの同じような活魚買いつけが始まっていることが報告されている（古川 一九九六、長津 一九九六）。このように、東インドネシアでは、ハタを生産する地域が一九九〇年代に入って拡大していることが推定できる。しかし、これらの漁業がどのようにしておこなわれているのかは、現在のところ必ずしも詳細に報告されるにはいたっていない。活魚をめぐる動きがきわめて早く、しかも生産地と消費地の状況をうまく結びつけられないことがその原因であろう。

●「ハタ漁船」との出会い

ハタを漁獲すると思われる漁船を私が初めて目にしたのは、一九九三年九月、味のよい海鮮料理を求めて出かけた香港の長洲島においてであった。香港島の中環（セントラル）からフェリーで一時間ほどのところにこの島はある。かつて水上居民が根拠地とした島のひとつで、フェリーが着く長洲湾には、大小の漁船が多数停泊し、なかには、甲板で遊んでいる子供たちや、ところ狭しと干された洗濯物に、今でも船住まいをしている人びとがいるのではないかと思わせる風景がある（口絵❹）。ただし、頻繁なフェリーの便数と時間距離の短さから、島で生活しながら香港の中心地へ通勤する住民も多い。また、すでに述べたように、新鮮な魚介類の味を楽しめる気軽な観光地として、香港市民にとって人気のある離島ともなっている。

　湾岸沿いの道、北社海旁路から海を眺めた時、一目見て底曳網とわかる漁船が何隻も停泊していた。しかし、船体は船尾式底曳網漁船であるものの、船上は改造され、そこに五～八隻の赤い船外機付小型ボートが搭載されていた。私は、いわば「母船式釣漁船」ではないかと思った。この漁船で漁場へ移動し、そこで小型ボートを海上におろし、実際の漁業がおこなわれると考えたのである。

小型ボートを満載した漁船：長洲島

母船式釣漁船：香港仔

　この時は、これ以上の関心がわかなかったが、翌一九九四年八月、東インドネシア、南スラウェシ州の調査に出かけた時、ウジュンパンダン（現在はマカッサル）沖で、長洲島で見たものと同型の漁船を二隻確認した。そして小島ラエラエでは、これらの漁船が中国から来ていること、地元の漁業者がこの船に雇われていることがわかったのである。

一九九五年四月の香港調査では、香港仔湾および長洲島で「母船式釣漁船」を確認した。この時の聞き取りによれば、ヤイトハタなどは香港近海で漁獲されるが、魚価がよいサラサハタなどは、南シナ海の東沙諸島や西沙（パラセル）諸島、南沙（スプラトリー）諸島、海南島周辺で漁獲されるとのことであった。また、フィリピン諸島の周辺、インドネシアのジャワ海、スラウェシ島周辺などにも出漁している香港漁船があることが明らかとなった。このような海域への一航海は、二〇日から一か月間を要した。中国広東省沿岸部の住民やフィリピン人が乗組員として雇用される場合もあるということであった。

ところで、香港では東沙諸島方面へ出漁する漁船を東沙船、南沙諸島へ出漁するものを南沙船と呼んだりする。東沙船や南沙船が漁獲するハタにスジアラがある。これは一般に「星斑」と呼ばれるが、体表の色彩変異が著しい。その色彩や斑紋の状況によって、同じ星斑でも、豹星、竹星、皇帝星など数種に区別されている。東沙諸島で漁獲されるスジアラは「東星」あるいは「東星斑」と呼ばれ、斑点が小さく光沢がよい。色は、藍色や紅色、褐色、黄色を呈している。全体的に体長が長めで、頭部が小さい。肉質はとくによい。他方、西沙諸島で産する「西星」は斑点が大きめで外皮が比較的厚い。これらの魚にはそれぞれに応じた調理方法があるが、「東星」は肉質が「西星」に比べてはるかに勝っていることから、香港市場で高い評価を得ている。

東インドネシアのハタ生産地から

ハタ漁をおこなうインドネシアの漁船：ウジュンパンダン沖

●スパモンド諸島のハタ漁

一九九六年八月の南スラウェシ調査では、ラエラエ島周辺に投錨するインドネシア船籍のハタ漁船に出会った。すでに四、五年前から現地の中国系インドネシア人が漁船を所有し、香港漁船のノウハウをまねてハタ漁業に参入してきたのであった。しかも私が考えていた「母船式釣漁業」は、実はそうではないこともわかってきた。

ハタを漁獲する漁場は、ウジュンパンダン沖に点在するスパモンド諸島周辺のサンゴ礁海域である。ウジュンタナ郡に属するラエラエ島やバランチャディ島、バランロンポ島などの漁業者がこの漁にあたっていた。地元の漁業者は伝統的な竹製のかごをサンゴ礁の海底に敷設してハタ類を漁獲する。このかごはブブとよばれている。かごの仕様は、幅約八〇cm、長さ約一〇〇cm、高さ約三〇cmで、島

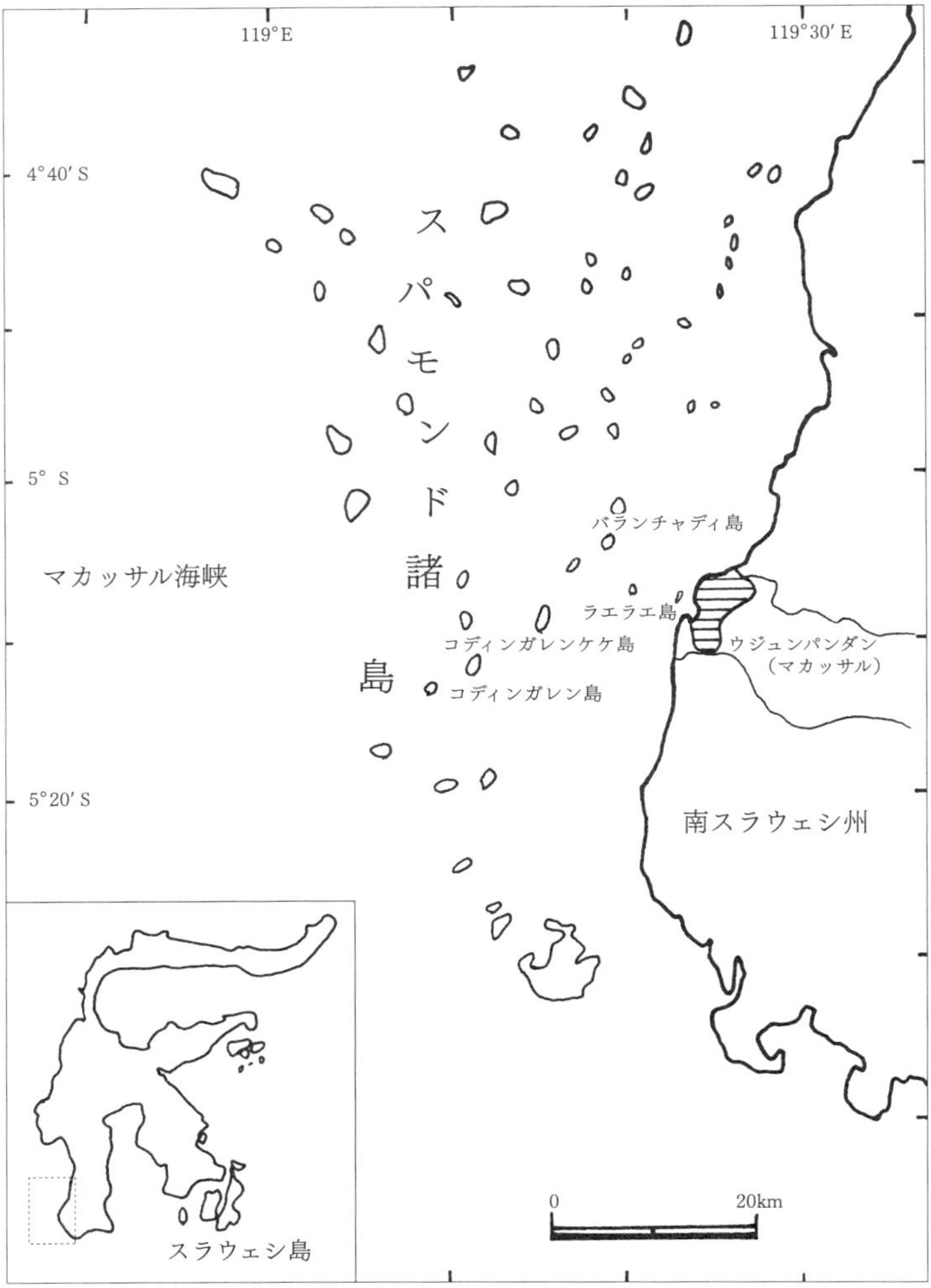
119°E
119°30′E
4°40′S
5° S
5°20′S
スパモンド諸島
マカッサル海峡
バランチャディ島
ラエラエ島
コディンガレンケケ島
ウジュンパンダン
（マカッサル）
コディンガレン島
南スラウェシ州
0
20km
スラウェシ島

スパモンド諸島

嶼東南アジア各地に見られるハート型の筌《うけ》である。入り口は一方だけに設けられている。幹縄におよそ二〇かごをつけて敷設する。餌にはイワシ類が使われる。なお、竹材は南スラウェシ州南部から入る。このようなかご漁は、個人で操業できる。すなわち、いわゆる小規模漁業者もハタの活魚漁に関わりだしていたのである。ただし、ハート型のかごのほか、南スラウェシで多く見られる、籐で編まれた直径一m、長さ一・八m程度のドラム型のかごも使用されていた。これは大型船による漁であった。

ハタ漁用のかごを積んだ漁船：南スラウェシ、コディンガレン島

それでは、「母船式釣漁業」はいったいどこで営まれているのか。その答えは、メガネモチノウオ漁についての聞き取りから明らかになってきた。サンゴ礁の中の窪みに潜むメガネモチノウオは重要な漁獲対象である。この魚は地元ではアンケとよばれる。アンケの場合、成魚はかなり大型であるからカゴでは漁獲できない。これは潜水漁で漁獲されていた。

漁業者からの聞き取りによれば、多数のダイバーが大型船に乗りくみ、漁場へと向かう。漁場で小型船に乗りかえ、潜水を開始する。海中でアンケを見つけると、これに向かって注射器のような器具を用いて魚毒を発射するというのである。この魚毒にはシアン化合物が含まれている。アンケの生命には危険がないらしく、フラフラになった魚をとらえ、生簀に放りこんでおくと、程なく元気を回復するという。しかし、魚毒の使用は、サンゴ礁や小魚を著しく傷つけるため禁止されている。また、アンケの輸出も現在では禁じられている。ハタも同じように、ダイバーが魚毒を使って獲っているらしい。漁業の現場には出くわさなかったが、現地で魚毒を意味する麻酔剤（オバット・ビウス）という言葉は、漁業者との聞き取りの中で何度も登場した。「母船式釣漁業」ならぬ、「母船式魚毒漁」がおこなわれていたのである。

ところで、活魚のアンケのkg単価は四万ルピア（約二〇〇〇円）と、地元では非常に高価である。しかし、この魚は、肉質がやわらかく不味という理由で、現地のマカッサル人には人気がない。コ

活魚を蓄養する生簀：南スラウェシ、スパモンド諸島

ディンガレン島での聞き取りによれば、島民はこの魚を好んで食しないとのことであった。釣り漁でたまたま漁獲され、鮮魚として売られているものをウジュンパンダンのラジャワリ魚市場で見たが、浜値はkgあたり約五千ルピア（二五〇円）にすぎなかった。アンケも海外市場向けを目的とした新しい地域漁業の成立によって、ハタとともに非常に注目されるようになった魚といえ

るのである。

●新しいハタ漁業の展開

南スラウェシで開始されて間もないハタ漁業は、短期間のうちに大きく変容しているように思

生簀から運ばれてきた活魚：ウジュンパンダン、カユバンコ埠頭

スジアラの魚体を点検中：ウジュンパンダン、パオテレ

われる。すでに指摘したように、地元の中国系インドネシア人がこの漁業へ参入しはじめたこともそのひとつである。

一九九六年のウジュンパンダン調査では、沖合に香港漁船が二隻停泊しているのも確認できた。一隻については、鯉魚門に近い筲箕湾《シャウケイワン》から来ていた。これらは活魚輸送を目的としており、漁自体をおこなってはいなかった。香港とウジュンパンダン間の活魚輸送には、大型船で約二週間、小型船の場合には約一か月かかるとのことであった。ハタのほかに漁獲が禁止されているはずのメガネモチノウオも買いつけていた。

バランチャディ島、コディンガレンケケ島周辺には、一九九六年から、ハタ類を蓄養する生簀が設けられはじめた。これはウジュンパンダンに在住する中国系インドネシア人が経営するもので、地元の漁業者が集荷した魚を買いつけ、それを香港に輸送するまで一旦蓄養するシステムである。

コディンガレンケケには二基の生簀がある。一方はジャワ島から移住してきた男性、もう一方はウジュンパンダンに住む男性二人が管理にあたっていた。管理人としての月収は一〇万ルピア（約五〇〇〇円）であった。ここでは漁業者が持ちこむ活魚を購入し、仕切書を発行していた。保存されていた仕切伝票の写しには、スヌ・メラー、スヌ・ジナックなどインドネシア語によるハタ類の名称とともにアンケを記入する欄も設けられており、実際に持ちこまれたアンケの尾数

主要なハタの推定価格　　数値はいずれも kg 単価

魚　名	ウジュンパンダン卸価格	香港卸価格	香港料理店価格
老鼠斑（サラサハタ）	5,000円	7,500円	22,500円
星斑（スジアラ）	2,000円	4,500円	15,000円
石斑魚	1,500円	2,250円	7,500円

（香港のバイヤーからの聞き取りによる）

が記載されていた。

生簀での蓄養を含む集荷形態はこうである。すなわち、香港のバイヤーから地元のバイヤーに対して電話で買いつけの注文が入る。すると魚は蓄養施設から活魚運搬船でウジュンパンダン市内の集荷場へと届けられる。そこで一尾ずつ計量されたのち、薬品を入れた大きな水槽で泳がせる。その後、ビニール袋に海水とともに詰めこまれる。この時、活力剤や安定剤などが、魚体に注入されたり、ビニール袋内に添加されたりする（口絵❽）。酸素も袋内に入れる。このようなビニール袋を約五kgずつ発泡スチロール製の箱に詰める。この箱がウジュンパンダン空港から空輸され、わずか五時間後には香港に届くという。輸送時間の短縮化は、死魚やすれた魚をできるだけ減じ、いわば活魚という付加価値をいっそう高める。その意味から、航空機輸送は有効な流通システムとして定着しつつある。

一九九六年八月にウジュンパンダンでハタの活魚輸送について調べていた時、私は香港から買いつけに来ていた若いビジネスマンに出会った。彼は、九龍の尖沙咀《チムサーツイ》にあるF漁業有限公司から派遣されていた。同公司は、ジャカルタおよびバリ島のデンパサールから航空機を利用して活魚を香港へ輸送しているとのことであった。

また、彼の話によれば、インドネシアでのハタの獲得は、最近ではほとんど買いつけによるということであった。漁業の性格が短期間のうちに変化してきていることが、ここでも明らかとなった。

Ｆ漁業公司が扱う主要な魚種の取引価格をみると、ウジュンパンダンでのkgあたりの卸売価格は、サラサハタが日本円にして約五〇〇〇円、スジアラが約二〇〇〇円、他のハタ類が約一五〇〇円であった。これらは、地元水産物市場に並ぶkg単価が数十円から数百円の各種の鮮魚に比較して格段に高い。このような高価格での取引が、地元漁業者がハタの活魚漁への参入を渇望する最大の要因とみてよい。ちなみに、香港のレストランでテーブルに上る時には、価格は卸売価格の五〜七倍になっている。

ハタの流通から見えるもの

ハタやメガネモチノウオは、生産地とはほとんど関わりのない地域へと運ばれ消費される。流通という点からみれば、これらは、これまでにも多く議論されてきた、アジアで生産され先進国へともたらされる「モノ」のひとつである。しかし、ここで注目しておかなければならないことは、ハタ類が従来から現地で利用されてきたという事実である。鮮魚として出まわることは少ないが、長期保存がきく塩干魚に加工され、広く流通しているのである。

発展途上国では、漁獲物のうち良質なものは域外へと輸出され、質の悪いものだけが現地に残されたり、国内消費量の不足分が今度は輸入されたりすることによって、結果として現地の食生活の状況が以前より悪化してしまうことが往々にして起こる。域外流通の問題では、このような現地における消費の問題も視野に入れて論じられなければならないだろう。

南スラウェシの事例からもわかるように、香港漁船がハタ類を求めて東南アジア海域に進出した時期、さらに大型漁船（母船）で進出し、地元漁業者を雇用した時期が、香港におけるハタの活魚漁の初期段階といえるだろう。その後、ウジュンパンダン沖では地元資本による同様の漁業が開始される。それとともに、漁獲したハタ類の蓄養施設が設けられるようになる。新規に参入した地元のハタ漁業の定着によって、香港漁船は、漁獲から買いつけへと転換した。地元では蓄養が拡大する傾向がみられた。小規模なかご漁業者も魚価のよい活魚を獲得し、それを蓄養業者へ販売するのである。他方、香港からの買いつけは通信ネットワークの利用へと変化した。しかも、輸送中のリスクを最小限にとどめるために、輸送時間の短縮化が図られた。これは活魚輸送船の利用から航空機利用への変化である。

これまで記してきたような天然のハタ類の獲得とともに、養殖によるハタ類の生産が各地で始まっている。ウジュンパンダン周辺ではその傾向はまだみえないが、たとえば、マレーシアのサバ州ではスジアラ、タマカイ、グルーパー（チャイロマルハタ、ヤイトハタ、ヒトミハタ）、サラサハタなどの天然種苗を使った養殖がおこなわれ、育てられた魚のほとんどが活魚として香港市場へ送られている。サバ州で専門家として養殖業に従事している瀬尾（一九九七）は、とくにスジアラとタマカイは、餌の選り好みが少なく成長が早いうえ、価格も他のハタ類に比較して格段によいことから、今後、東南アジア海域の最重要種になるに違いない、と予想している。しかし、この養殖業を支えるために天然種苗を獲得する同じ海域で、シアン化合物を用いて成魚も獲られている。海域生態系を根こそぎ破壊する魚毒漁によって種苗自体も大量に死んでしまうという悪循環がある。その動きの中で、人工種苗の生産を確立させなければならないという、矛盾をはらんだ漁業生産が展開している。

ハタ漁業とその広域流通は非常に早いスピードで変容していることを私たちは目のあたりにするのである。

最近の活魚情報

ハタに関わる最初の調査からおよそ七年、二〇〇三年九月に訪れたマカッサル（ウジュンパンダン）の活魚情報を最後に紹介しておきたい。

パオテレ魚市場のそばには、活魚槽を設けて集荷している業者がいる。ここでは七年前と同じようにハタ類を扱っていた。しかし、この年の出荷量は、アジアに拡がったSARSにともなう観光業の停滞によって減少したという。

漁業者が持ちこんだハタは、水槽に移したのち、体表の傷み具合をチェックし、一尾ずつ計量する。つぎに、魚の鼻孔にピンセットを入れ、寄生虫がいる場合にはそれをていねいに取りだす。

ハタを選別する：マカッサル（ウジュンパンダン)、パオテレ

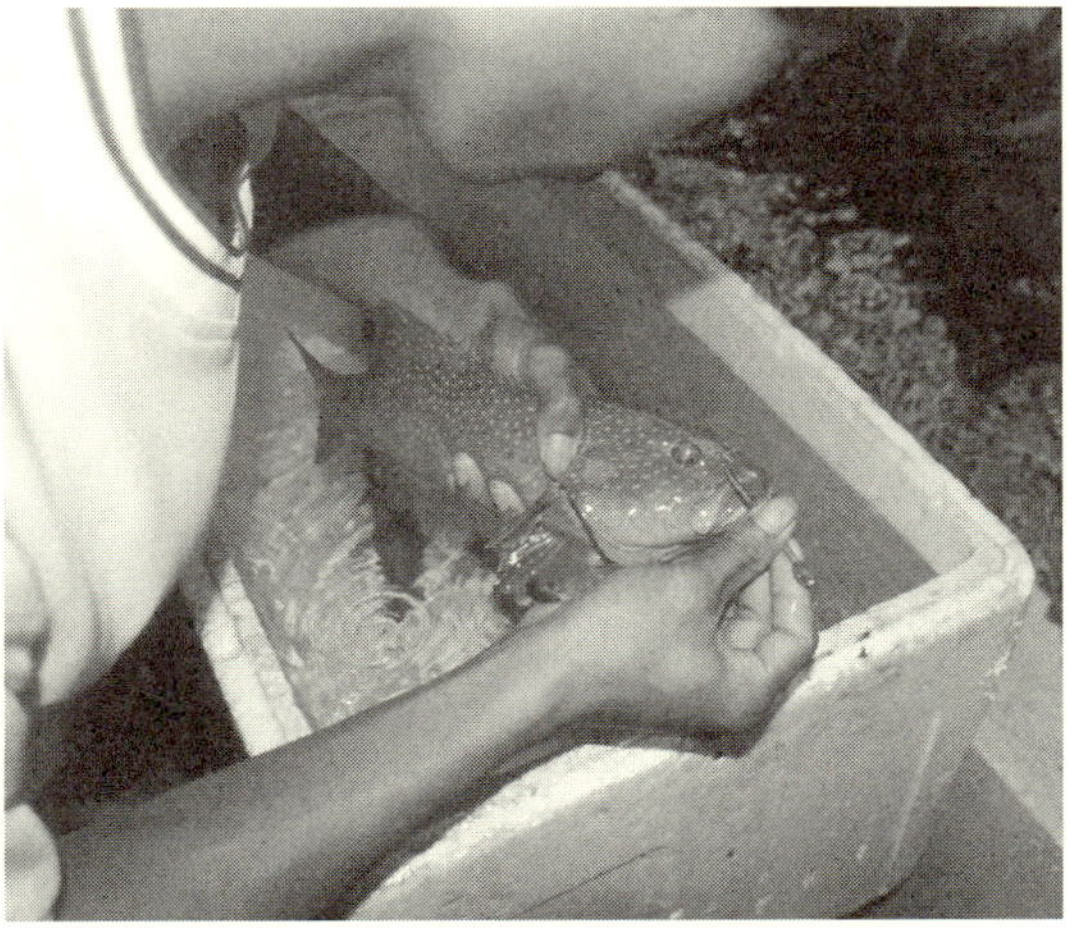

魚の鼻孔にピンセットを入れて寄生虫を取りだす作業：マカッサル、パオテレ

再び戻したハタの水槽には、黄色い薬剤を投入した。魚はパッキングされたあと、空輸でバリ島を経由して香港に輸出される。

私は、小さなデスクの前にすわる責任者の男性に、「ハタは麻酔薬を使って獲っているのですか？」と単刀直入に聞いた。彼の答えは、「いや、それはない。薬を使うのは違法だ。かごを使って獲っているよ」だった。ちょうどその時、漁業者がハタを持ちこんできた。責任者は「この魚はかごで獲ったものだ。島はここからは遠いが、きれいだし、出かけてみたらいい」と話した。聞いてはいけないことを尋ねたような雰囲気を感じ、私は、「ハタの写真を撮ってもいいですか？」と許しを請うのが精一杯だった。

4 マレー半島・塩干魚紀行

塩干魚《えんかんぎょ》とは

生活文化や日常の食習慣に関心をいだいて東南アジアを旅行する多くの人びとが、必ずといってよいほど公設市場をのぞく。そこでは日本で見たこともないような野菜や果物、それから畜肉、鮮魚などが並んでいて、豊富な品揃えや色彩に驚くだろう。次に訪ねる機会がある人は、魚売り場に注目してほしい。鮮魚とともに塩干魚がかなり広いスペースに陳列されていることに気づくはずである。

マレーシアで地方のパサール（市場）に行くと、煮干のような魚がうずたかく積まれているの

公設市場内の塩干魚販売：トレンガヌ州クアラトレンガヌ

を目にする。これはカタクチイワシの仲間で、イカンビリス（イカンは魚の意味）と呼ばれている。フライパンで炒りあげたイカンビリスは手ごろな副食であるし、中華料理の野菜炒めや、マレー料理に欠かせないトウガラシベースの調味料サンバルにも混ぜられている。パサールではイカンビリスとともに、半乾燥状態の魚の臭いが鼻をつく。これが、本章でとりあげる、一般にイカンマシン（マシンは「塩辛い」という意味）と呼ばれる塩干魚である（口絵⑫）。

塩干魚はマレーシアでは安価なたんぱく源として重要な食品である。伝統的な魚の保存方法としてもっとも一般的でもある。その加工業は、技術的に簡単でしかも小資本でおこなえるため、漁家の副業的な収入源として各地の漁村でみられた。

マレーシアでも、製氷・貯氷施設や冷蔵・冷凍施設の充実と技術の向上、道路網の整備による輸送能力の上昇などによって、現在では、鮮魚利用が著しく伸びている。これにともなって、伝統的な塩干魚の利用が減少してきたことは否めない。しかし、この生産は以下に掲げた三つの理由から、将来にわたっても、ある一定の地位を占めてゆくと予測される。すなわち、

①鮮魚を恒常的に利用できないか、流通コストなどの関係で鮮魚価格が高くなってしまう農村部においては、安定した塩干魚の需要が今後とも存在する。

②鮮魚としてよりも塩干魚としてのほうが消費者に受けいれられやすい魚種がある。

③漁業では豊漁によって生産過多になる場合がある。このような時、漁獲物の劣化を防ぎ、損失を少なくするために、過剰分を塩干魚生産に振りわける必要がある。

の三つである。

ところで、マレーシアの塩干魚に関する社会・経済的研究をみると、生産、加工について若干の報告はあるものの、地域ごとの加工の状況や利用の実態については、ほとんど明らかにされていない。そこで以下では、半島マレーシア（マレー半島部分）を取りあげて、塩干魚の生産および消費をめぐる問題について考えてみることにしよう。これは水産物利用の文化を考えるうえでもきわめて重要な作業である。

加工の方法

●塩干魚の加工方法

まず、塩干魚の一般的な加工方法を説明しよう。

加工方法には、大きく分けると、塩を直接使う塩漬け（dry salting）と、塩をいったん水に溶かしその溶液中に魚を漬ける浸漬（wet salting）の二つの方法がある。

塩漬けは、基本的には、魚肉の表面に塩を直接こすりつける方法である。これをそのまま乾燥させる。これとは別に、魚と塩を交互に重ねながら塩漬けし、滲みでてきた漬け汁は流れでるようにしておくクンチング（kenching）、防水性の容器の中に塩漬けし、滲みでてきた漬け汁がそのまま容器中に溜まった状態で漬けこみが進むピックリング（pickling）がある。クンチングおよびピックリングでは、漬けこんだのちの魚をあらためて乾燥させる場合とそうしない場合とがある。

浸漬では、通常、八〇～一〇〇％に近い飽和塩水（水一ℓに対して塩二七〇～三六〇g）の中に魚を漬けることによって魚肉に塩分を浸透させる。魚は、内臓を取りのぞいたり、開いたり、あるいは切り身にして漬けこまれる。漬けておく時間は、魚のサイズや脂肪分の多寡、消費者の嗜好などによって異なる。漬けこみを終えると、容器から取りだして乾燥させるが、干しおえたあとの魚に余分な塩粒がつくことがないように、乾燥させる前に淡水で洗う場合もある。

なお、クンチングとピックリングをそれぞれ塩漬け（dry salting）とは別に分類し、加工方法を四つに分ける場合もある。いずれの方法が取りいれられるかは、たとえば、天然塩や良質な水の入手が可能か否かといった地理的、社会経済的要因、あるいは住民の食習慣などによって異なっている。

●半島マレーシアにおける塩干魚加工

半島マレーシアでは浸漬がもっとも一般的な加工方法である。その技術および工程は以下の通りである。

設備としては、コンクリート製の漬け樽と竹製ないしは木製の魚干棚以外には特に必要としない。まず、魚をさばく。フエダイや海産ナマズのような大型魚は内臓を除去し背開きにする。小魚は頭をおとしてから内臓をとる。漬ける時には魚と塩、塩水あるいは淡水を交互に樽に入れてゆく。魚が漬け汁の中から浮きあがるのを防ぐために、重石をする場合もある。浸漬期間は一～五日である。

漬けこみを終えた魚を樽から取りだし、余分な塩分と汚れをとるために、淡水で洗う。一〇～

三〇分間、水につけて塩抜きする場合もある。乾燥は一般に天日でおこなわれる。大型の魚は開いた部分を上にして干す。高価格の塩干魚の場合、乾燥中にハエなどが魚肉に産卵することを防止する目的で、東海岸地方ではコショウをすりつけたり、西海岸地方ではみょうばんの粉末を振りかけたりすることがあるという。干している間に二、三度は裏がえす。生産者は、魚肉を手で押さえて固さをみたり、目の部分の乾き具合や体色の変化をみたりすることによって仕あがりの程度を判断する。

マレーシアでの生産状況

●生産量

半島マレーシアでは一九六八年には総漁獲量の約九%、一九七〇年代にも五〜一〇%が塩干魚に加工されてきた。

表は、一九七〇年から一九九六年までの各州における塩干魚生産量の変化を示したものである。これをみれば、総生産量は、減少傾向にあることは明らかである。特に一九九〇年代に入ってからその傾向は著しい。一九七〇年代には、東海岸のトレンガヌ州がつねに最高の生産量を誇った。総生産量に占める比率は三〇〜五〇%である。従来から伝統的な塩干魚生産地であったという特

半島マレーシアにおける州別塩干魚生産量の変化　単位：トン

年	ペルリス州	ケダー州	ペナン州	ペラー州	セランゴール州	マラッカ州	ジョホール州	ケランタン州	トレンガヌ州	パハン州	計
1970		411	1,956	2,053	1,124	2	31	879	2,972	972	10,401
71		627	1,102	755	515	2	55	962	3,157	173	7,347
72		966	941	253	246	0	85	941	3,345	192	6,968
73	5	1,922	1,028	331	342	0	60	1,239	2,606	450	7,985
74	10	1,614	423	789	985	0	76	847	4,235	430	9,410
75	2	2,164	356	553	589	1	57	1,132	2,761	340	7,955
7		1,695	305	514	844	1	50	571	2,018	169	6,168
77		1,450	241	886	1,037	3	55	671	2,208	242	6,793
78		1,378	132	642	1,034	6	32	285	4,267	142	7,918
79		915	226	1,508	908	8	781	178	2,863	145	7,532
1980		1,527	185	2,493	1,243	7	262	72	2,119	86	7,994
81	19	3,468	461	1,715	716	7	34	78	2,721	295	9,514
82	33	3,109	411	1,511	1,344	11	46	124	793	315	7,698
83	42	3,094	226	2,754	2,386	12	113	134	1,025	279	10,063
84	42	4,228	471	2,742	1,564	12	66	93	1,838	575	11,630
85	28	1,457	504	2,319	1,142	11	71	104	1,309	471	7,417
86	15	189	468	2,853	690	10	99	161	463	390	5,338
87	91	437	349	3,077	1,317	13	31	128	621	484	6,548
88	62	1,446	404	2,985	915	10	31	159	442	331	6,785
89	48	1,080	348	1,883	374	9	47	196	233	518	4,735
1990	280	845	538	1,590	420	11	21	240	1,074	117	5,137
91	113	335	306	1,423	328	29	58	166	735	164	3,657
92	81	282	277	1,789	219	52	24	150	1,123	114	4,111
93	33	406	280	1,501	193	48	42	189	1,493	103	4,288
94	20	333	458	2,052	231	57	35	242	794	99	4,231
95	32	265	452	1,409	331	57	30	492	464	62	3,593
96	28	418	465	1,863	945	45	20	365	576	57	4,583

（マレーシアの各年次漁業統計により作成）

徴がよくあらわれている。漁業インフラの整備がたちおくれていたこの地方では、加工業が魚の市場性を保証する有効な手段であったと思われる。

しかし、一九七〇年代中頃から西海岸北部のケダー州、一九八〇年頃からは同じく西海岸中部に位置するペラー州が生産量を急激に伸ばしてきた。当時、西海岸すなわちマラッカ海峡側では近代的なトロール漁業とまき網漁業が発展し、底魚資源のニベ類、浮魚資源のアジ類が多獲されるようになっていた。トロールとまき網による原料魚の

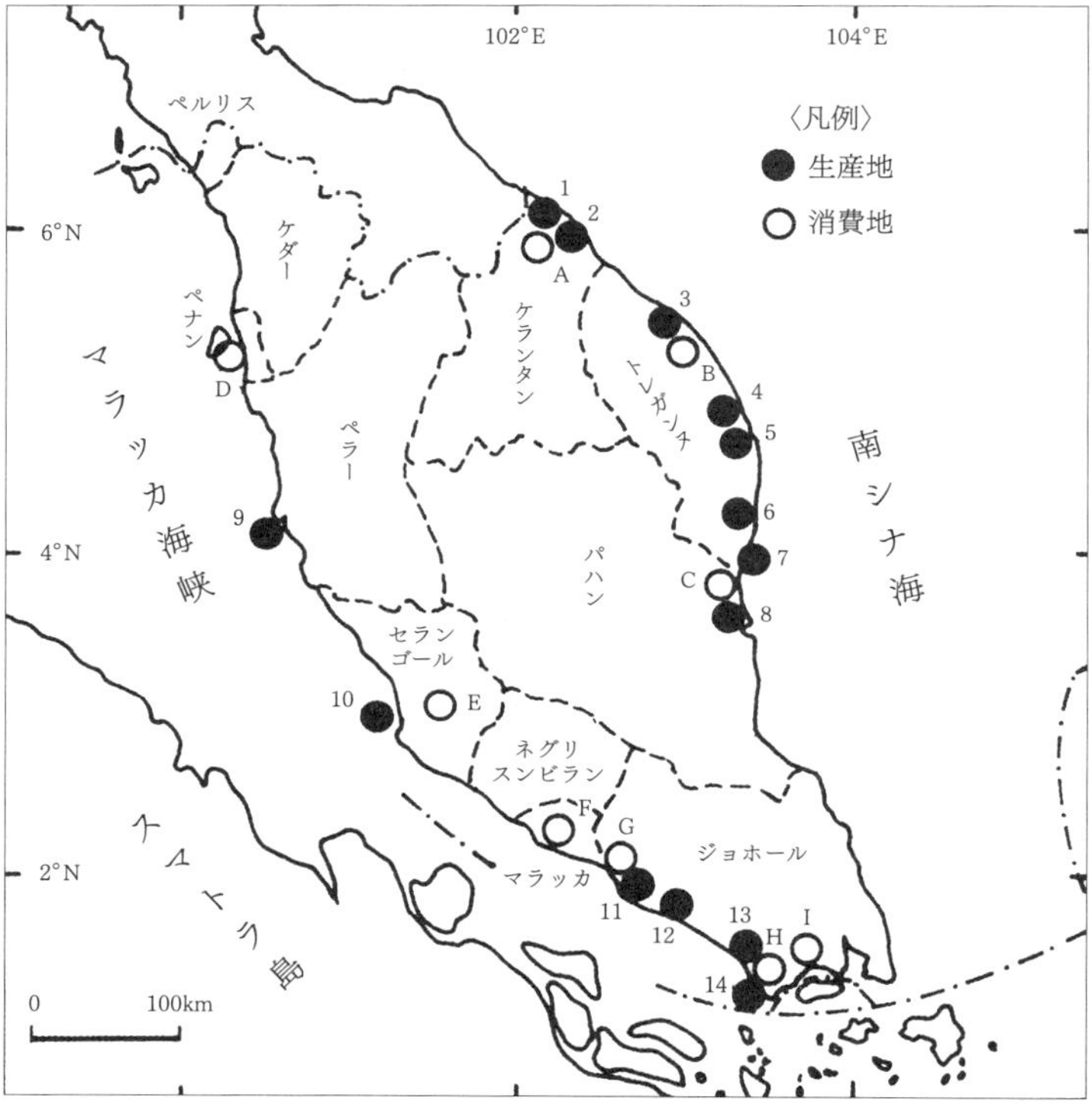

〔生産地〕
1. パンタイゲティントゥンパット
2. サバク
3. スブランタッキール
4. スブランピンタサン
5. パカ
6. クママン
7. ブッサラー
8. クアラパハン
9. パンコール島
10. ケタム島
11. パリジャワ
12. パリウソ
13. ポンティアンブサール
14. ククップ

〔消費地〕
A. コタバル
B. クアラトレンガヌ
C. クアンタン
D. ジョージタウン
E. クアラルンプル
F. マラッカ
G. ムアー
H. ポンティアンクチル
I. ジョホールバル

半島マレーシアの塩干魚生産地
(●○印は塩干魚に関する調査を実施した地域)

マレーシアの塩干魚輸入量　単位：トン

年	タイ	ミャンマー	インドネシア	ベトナム	その他	計
1990	2,465.27	—	25.24	—	76.11	2,566.62
1992	2,316.36	—	104.83	2.66	36.98	2,460.83
1993	2,367.32	1.41	151.71	11.37	23.18	2,554.99
1994	1,966.44	14.76	33.92	34.64	8.67	2,058.43

（マレーシアの各年次漁業統計による。1991年の統計書は欠。）

十分な供給が、塩干魚の加工業を発展させたとみてよいだろう。しかし、ペラー州を除くいずれの主要生産地でも、一九八〇年代後半から生産量が減少している。これは資源枯渇による原料魚の不足が原因と考えられる。一方、ペラー州は、近年は半島マレーシアの総生産量の四〇〜五〇％を占めている。とくにパンコール島を中心に水産加工業がさかんである。高い生産量が維持できているのは、大量の原料魚が他地域から移入されているからである。

ところで、マレーシアにおける塩干魚の輸入量を国別にみると、タイからの輸入量が全体の九〇％以上を占めており、その量は毎年二〇〇〇〜二五〇〇tにおよんでいる。製品のほとんどが地域内で消費されるか、マレーシア各地に移出されているといわれてきた塩干魚の動きが変化しつつあることがわかる。

●加工用の魚種

半島マレーシアで塩干魚に加工される海産魚は、三〇種類以上にのぼるといわれているが、通常みられるものは二〇種類前後である。なかでも、イケカツオ、フエダイ、サワラ、ニベ類、アジ類がもっとも一般的である。

主要な塩干魚用魚種

マレーシア名	日本名	
グラマ（gelama）	ニベ	トロールの主要な漁獲対象
グラマギギ（gelama gigi）	ニベ科	
ドゥリ（duri）	海産ナマズ	鮮魚としても出まわる大衆魚
テンギリ（tenggiri）	サワラ	
カンボン（kembong）	グルクマ	サバに似る、東南アジアの重要魚種のひとつ
タンバン（tamban）	ニシン科	
メラー（merah）	フエダイ	かごなどで漁獲される高級魚
クルシ（kerisi）	イトヨリ	まき網で漁獲される多獲性魚種 鮮魚としても出まわる大衆魚
チンチャルー（cencaru）	アジ科	
セラー（selar）	アジ科	
セラクニン（selar kuning）	アジ科	
スラヤン（selayang）	アジ科	
タラン（talang）	イケカツオ	体表に黒い斑点が並ぶ大型魚
バワルヒタム（bawal hitam）	クロアジモドキ	マレーシア全域にみられる高級魚
ユー（yu）	メジロザメ科	フカヒレを取った残りの肉を小片に切りわけ塩干魚にする
	ツノザメ科	
	シュモクザメ	
パリ（pari）	アカエイ科	大型は鮮魚利用、小型は塩干魚利用
ラユル（layur）	タチウオ	
ラヤラン（layaran）	バショウカジキ	
クラウ（kurau）	ツバメコノシロ	塩干魚中最高級のもののひとつ
シアカップ（siakap）	アカメ科	鮮魚利用が中心
ケケッ（kekek）	ヒイラギ科	
チェルミン（cermin）	ギンカガミ	
トンコル（tongkol）	カツオ	大衆魚のひとつ

生産・消費にみられる特徴から、これらの魚種を以下の三つに分類することができる。

●塩干魚に適した魚種……イケカツオ

●鮮魚消費とともに塩干魚製造にも用いられる魚種……グルクマ、イワシ類、アジ類（セラクニン）、フエダイ、イトヨリ、ニベなど

●通常は鮮魚として消費されることが多いが、供給が過多になった時には塩干魚に加工される魚種……エイ、サメ、サワラ、ハタ、ツバメコノシロ、アジ類（チンチャルー、セラー）など

塩干魚に適しているとされるイケカツオについて、説明を補足しておこう。イケカツオは、一般に鮮魚としては市場に出まわらないことが多い。というのは、マレー人が、鮮魚のイケカツオを食べると皮膚病をおこすと考えているからである。この魚は体表の側面に一列の黒い斑点をもつ。そのことがある種の皮膚病にかかった顔や身体にみられる斑点を思いおこさせるという。また、鮮度が落ちたイケカツオを食べた時、じん麻疹がでることがある。これらが忌避される理由ではないかといわれている。

パハン州ブッサラーにおいて、華人の塩干魚加工業者から、斑点が並ぶこの魚を古くから忌避してきたという説明も得た。この場合には、マレー人ではなく、華人が好まないということになる。

鮮魚として出まわっているのを確認できたのは、ペナン島ジョージタウン市のチョーラスタ市場においてのみである。ジョホール州パリジャワの華人漁業者からの聞き取りによれば、鮮魚は調理しても味がよくな

イケカツオの塩干もの：パハン州クアンタン

いので食べない、しかし体長が三〇〜四〇㎝程度の小型であれば十分味わえる、という。また、塩干物にするとマレー人が好むということである。クアラルンプルに在住するマレー人への聞き取りでも、同じように鮮魚は味がよくないが、塩干魚は好んで食べるということであった。魚類図鑑の中には、イケカツオは鮮魚としてはまずいが、塩漬けされたものはよい味となり、塩干魚としては最高級の市場性をもつと記しているものもある。

ところで、アジ科のセラーおよびサバ科のグルクマは都市部の中間所得者層に人気がある。他のアジ類やイワシ類は安価で市場に大量に出まわるため、低所得者層向きの塩干魚であるともいわれている。一方、フエダイやハタ類、ツバメコノシロなどは高級な塩干魚である。塩干魚をかつてのように低所得者層のための食物といちがいに決めつけるわけにもいかない。

「塩干魚のふるさと」東海岸

次に、半島マレーシアの塩干魚生産地を紹介しよう。

私は、一九九八年から九九年にかけて約一年間マレーシアで過ごした。塩干魚の生産に興味をもっていたため、よい機会とばかりに、塩干魚を求めて半島マレーシアの沿岸域をくまなく歩きまわった。首都クアラルンプルにいても手に入る情報には限りがあったし、生産の現状を知るためには、現場を見て歩く以外に調査方法がなかったからでもある。それ以降も、マレーシア調査に出かける機会があれば、塩干魚の生産地を訪ねるようにしている。

とくに、東海岸は、「塩干魚のふるさと」といってもよく、すでに述べたように、伝統的な生産地域が形成されてきた。しかしそこにも変わりゆく姿があった。ここではその東海岸の生産地をいくつか取りあげることにしたい。トレンガヌ州、そして北のケランタン州、南のパハン州にある生産地である。

●トレンガヌ州スブランタッキール

トレンガヌ川河口、州都クアラトレンガヌの対岸に位置するスブランタッキールは、東海岸では規模の大きいマレー人漁村のひとつに数えられる。主要な漁業はトロール、まき網、かごなどである。現在では、クアラトレンガヌ向けの鮮魚出荷が多い。しかし、伝統的な塩干魚生産地としても有名である（口絵⑩）。

河岸と砂浜海岸にはさまれた砂州堤に立地するパクガーマット通りには、塩干魚の加工場が続いている。とはいえ、かつて二〇数軒を数えた加工場も、現在では三軒が営業しているにすぎない。閉業に追いこまれた最大の理由は、漁獲量の減少によって地元の原料魚が手に入りにくくなったことである。

塩干魚加工場：トレンガヌ州スブランタッキール

Ｊ氏が経営する加工場をのぞいてみよう。

Ｊ氏は塩干魚加工を始めて四〇年近くになる。加工場は、スレート屋根の施設約一二〇㎡と河岸に造られた高床の魚干棚約二〇〇㎡からなる。コンクリート製の丸樽八基、角型の樽二基を漬けこみ用にしつらえている。そのほか、イカンビリスを加工するゆで釜もある。ただし、この釜は、一九九八年には原料を調達できなかったので使われなかった。

原料魚は、アジ類（チンチャルー、セラー）、グルクマ、ニベ、海産ナマズ、イケカツオ、フエダイである。これらのすべてを地元で調達できるというのではない。アジ類、グルクマ、ニベはパハン、ケダー、ペルリス、セランゴールの各州から入る。イケカツオは三〜五月にはトレンガヌ、一一〜二月にはタイから入る。フエダイはトレンガヌ州産と東マレーシアのサバ州産のものを使っている。海産ナマズは地元産で、河口で漁獲される体色が黒い種類と海で漁獲される体色の白いものの二種類がある。

魚は背開きにし、内臓を取りのぞいて漬けこむ。J氏の妻が通常は一人でさばくが、原料魚を大量に調達できた時には村の女性を雇いいれる。木箱（約五〇kg）一箱分の労賃は五リンギットである。小型魚一箱をさばくのに約一時間二〇分かかる。

塩漬けする期間は、アジ類、グルクマ、ニベ、ナマズは一日、イケカツオは二、三日、フエダイは一週間である。水道水に塩を加えて漬け汁としている。一樽に平均一〇〇kgの塩を投入する。

イケカツオをさばく：スブランタッキール

漬け汁は通常三回使う。二回め、三回めの漬けこみでは水道水をさらに注入するが、漬け汁の塩分濃度が低下すると製品に悪臭が発生するので、塩もかならず足してゆく（口絵⑪）。

漬けおえた魚は樽から取りだして川岸へ持っていって洗う。余分な塩分を取りのぞく作業である。大型魚は一尾ずつていねいに洗う。小型魚は籐製のかごに入れたまま

原料魚の仕入価格および塩干魚の卸売価格（スブランタッキール）

単位：リンギット

原料魚種	仕入価格	卸売価格（塩干加工後）
ニベ	3/kg	5/kg
イケカツオ	3	10
アジ科（チンチャルー）	0.7	3.5
アジ科（セラクニン）	2	3
ナマズ（白）	1	4
ナマズ（黒）	0.6	2.8

（聞き取りにより作成）

振り洗いしたのち、三〜五分間水中につけたままにしておく。

天日に干す時には、まず開いた方を表にして並べる。乾燥がすすむと裏がえす。天気にもよるが、大型魚は二日、小型魚は一日で干しあがる。製品はクアラトレンガヌにいるマレー人の魚商人に卸している。原料魚の仕入価格と製品の卸売価格は上の表に示した。

一一月から一月にかけては、雨季にあたり、手に入る原料魚が少なくなるので仕事量はおのずと減る。魚干しは晴れた日にしかおこなえず、干しあげるまでに一週間くらいかかることもあるという。

●トレンガヌ州クアラドゥングン、スブランピンタサン村

クアラドゥングンは、ドゥングン川河口右岸に位置する小さな町である。そこから、一リンギットを払って渡し船で数分、対岸にスブランピンタサン村がある。小型トロールやかごなどの漁業をおこなう小漁村である。かつては塩干魚製造もさかんであったが、地元での漁獲量が減り、原料の入手が困難になったことからほとんどの業者がすでに廃業している。海岸を歩くと、放棄された加工場の跡地にコンクリート製の樽がこ

原料魚の仕入価格および塩干魚の卸売価格（スブランピンタサン）

単位：リンギット

原料魚種	仕入価格	卸売価格（塩干加工後）
フエダイ	12/kg	22/kg
ニベ（ジャランギギ）	4	10
ニベ（白）	2	7
ニベ（黒）	1.5	4.5
アジ科（チンチャルー）	0.7	2
イケカツオ	1	3

（聞き取りにより作成）

ろがっているのを目にする。現在は一業者が仕事を続けているだけである。

N氏（一九六〇年生まれ）はケランタン州コタバル出身である。一九八四年にこの村に漁業を学びに来てその後、居ついてしまったという。トレンガヌ州北部クアラブスッ出身の妻と五人の子供および義母の八人暮らしである。塩干魚づくりをはじめてから二五年になる。加工場兼住居は、渡し船が発着する桟橋に隣接している。塩干魚加工にはかかせない河川水の入手に便利なところである。住居の前には砂浜の河岸にせりだして高床式の広い魚干棚が設けられている。塩漬けした魚を貯蔵しておくための別棟もある。以前は人を雇って仕事をしていたが、現在はN氏および妻と義母の三人でやっている。

塩干魚加工は一年のうち、二月から九月にかけての八か月間の仕事である。一〇月から翌年の一月にかけては、北東モンスーンの影響で雨季となり、海上は風、波とも強い。漁閑期となるため、仕事は休む。雨季でもたとえば三日に一日くらいは晴れる時もある。その時をねらって魚干しも可能であるが、そうするためにはあらかじめ魚を仕入れ、塩漬け

漬けこんだフエダイを川で洗う：トレンガヌ州スブランピンタサン

しておかねばならない。しかし天候を予測すること自体が相当困難である。この時期は原料魚の価格が高くなる、というのも仕事を休む理由である。

漬けこみ用には丸型のコンクリート樽六基を使っている。ひとつの樽におよそ二五〇kgの魚を漬けこむことができる。ドゥングン川から汲んだ水に塩を加えて漬け汁をつくり、これに原料魚を漬けこむ。漬け汁は通常三回の漬けこみの間、水と塩を追加しながら使う。三回の漬けこみを終えたあとは廃棄し、あらためて漬け汁をつくる。

N氏が取りあつかう魚種および原料の仕入価格、魚商人（トッケ）への卸売価格は表の通りである。原料はいずれも地元産である。加工の中心はフエダイで、釣漁船およびかご漁船から体長八〇〜一〇〇cmの大型をkg単価平均一二リンギットで購入している。かご漁船はいったん出漁すると一〜二週間は帰港しないので、漁獲されたフエダイは船内であらかじめ塩漬けされている。

氷漬けにして保存したものは、塩干魚に加工した時、身がやわらかくなり、独特の匂いも弱く、品質はよくないとされる。また、氷保存されたフエダイを使った製品は、目が落ちくぼんでしまうので、すぐに見わけがつくという。華人は氷を使用しない魚で仕あげた匂いの強いものを好むが、マレー人は氷を使った魚から作った匂いがあまりしない方を好むという。

フエダイは内臓を取りのぞいたのち、五日間漬ける。一樽に塩を二〇〇kg入れる。漬けこみを終えた魚は、川で一尾ごとにていねいに洗う。その後、魚干棚で二日間乾燥させる。えらと腹の部分には、十分に乾燥させるためにヒゴをいれて開いておく。

製品はkg単価二二リンギットで卸している。フエダイの塩干魚は、トレンガヌ州南部のクママンでも作られているが、この村のものがもっとも品質がよいとされる。製品は魚商人の手を通じて、ペナン、クアンタン、クアラルンプルなどへ移出される。N氏によれば、クアラルンプルでの小売価格は二七リンギットにはなるであろうということである。

ニベ類は、三種類ある。ジャランギギと呼ばれるやや大型のもの、それに体色の白いニベと黒いニベである。九月から一〇月にかけて加工している。いずれも、内臓を取りのぞいたのちに背開きしたものを、一日間漬けこむ。塩の量は一樽に対して一五〇kgである。樽から取りだした魚は竹かごにいれたまま川につけて数分間振り洗う。これを魚干棚で一、二日間、天日乾燥させる。

アジ科のチンチャルーは、ニベと同様に背開きにして漬けこむ。塩の使用量は一樽に対して一〇〇kgである。イケカツオは小型のものが一〇月頃手に入る。サメはフカヒレをとるのが主目的である。体重一〇〇kg級のものが一尾四〇〇リンギットはする。干したフカヒレはkg単価が二〇〇リンギットするという。魚肉は付加的に加工しているだけで、儲けは少ない。細く切って一日漬けこむ。これはkg単価三リンギットで卸される。

N氏によると、月間収入は三〇〇〇～四〇〇〇リンギットである。経費としては毎月約五〇〇リンギットを必要とする。したがって、収入から経費分を差しひいた八か月分の利益は、二万～二万八〇〇〇リンギットになる。相当よい収入といえるだろう。

●ケランタン州コタバル

コタバル市の中心部にある公設市場パサールブサールでは、一〇月から翌年の二月にかけて、イカンブドゥと呼ばれる魚の塩蔵品が販売される。鮮魚を手に入れにくくなる雨季の保存食として、この地域ではよく知られている。アジ類、グルクマ、ニベ、イトヨリ類、カツオなどが加工される。内臓を取りのぞいた後、そこに塩を詰め、コンクリート製あるいはプラスチック製の樽に漬ける。水は加えず、魚と塩を交互に入れ、上から重石を置く。これはマレーシアの一般的な加工方法である浸漬とは異なり、ピックリングにあたる。最低でも四〇日間、通常、四～五か月間漬けて魚肉を発酵させるという。

市場に出ていたイカンブドゥの魚体はくずれていなかった。カツオ（体長約四〇㎝）は一尾五リンギット、他の魚はいずれも二リンギットで販売されていた。生産地はケランタン川河口に近いクダイブル村などであるが、近年は原料魚の価格が高騰しているため生産量は少ないという（口絵⑬）。

●パハン州クアラパハン

クアラパハンは、半島マレーシア最大の河川パハン川が南シナ海に注ぐ河口部の左岸に位置する砂浜漁村である。一九六〇年代にケランタン、トレンガヌ両州から四つ張り網が漁場を求めて進出し、それに応じて両州はじめタイ南部などから多くの漁業者が流入して漁村が拡大した歴史をもつ。川べりには、以前はマングローブ林が茂っていた。流入した漁業者はこれらを伐採し、そこに家を建てたという（口絵⑤）。

砂浜に設けられた塩干魚加工場：パハン州クアラパハン

一九九二年に政府の漁業開発公社（L

原料魚の仕入価格および塩干魚の卸売価格（クアラパハン）

単位：リンギット

原料魚種	仕入価格	卸売価格（塩干加工後）
ニベ　大	0.8/kg	6/kg
ニベ　小	0.8	4
イケカツオ　大	3.5	12
イケカツオ　小	2	7
アジ科（チンチャルー）	0.7	3.5
アジ科（セラクニン）大	200/箱	4
アジ科（セラクニン）小	80/箱	3.5
ヒイラギ科	0.5/kg	3.5
海産ナマズ　大	0.6	4
海産ナマズ　小	0.5	3.5
タチウオ	0.5	3.5
ニシン科（タンバン）	100/箱	4
アカエイ科	0.5/kg	4

（聞き取りにより作成）

セラクニンとタンバンの仕入価格は130〜140kg入り１箱の価格

ＫＩＭ）によって漁業施設が整備された。現在では四つ張り網はすでになく、まき網漁船二隻、トロール漁船約三〇隻、かご漁船約八〇隻、釣漁船と刺網漁船あわせて約一〇〇隻が稼動している。一一月から翌年の二月にかけての三、四か月間は北東モンスーンの影響で海が荒れるため、漁船は水深が浅い河口部から出入りできない状態となる。この期間、多くの漁業者が休漁する。

刺網漁船はいずれも船外機つきの小型漁船で、沖合五カイリまでの沿岸域で操業している。主要な漁獲対象はエビ類、メアジ、グルクマ、サイトウなどである。これらは漁業開発公社の荷捌施設で水揚げされる。混獲されるその他の魚類は、地元で塩干魚を加工する業者に引きとられる。漁業開発公社へ水揚げされる量は全体の九〇％、残り一〇％が塩干魚加工用原料といわれている。

塩干魚加工業者はこの村に四軒ある。いずれも小規模で、砂浜に魚をさばく仮小屋と魚干棚を設けて仕事をしている。加工に必要な水は、二軒が水道水、一軒が砂浜に掘られた井戸からの水、残り一軒が河川水を使っている。以下では、Mさんの加工場を取りあげ、塩干魚加工の実態をみることにしよう。

魚をさばく女性：パハン州クアラパハン

魚干し作業：クアラパハン

Mさんは既婚女性で、塩干魚加工を始めて一〇年になる。夫は刺網漁をしている。夫婦は、一九八三年頃、ケランタン州のパンタイゲティントゥンパットから移り住んだ。クアラパハンへ来る前、夫は刺網をしたり、トロール漁船に乗りくんだりしていた。生活に困窮したために、ここへやってきたという。最初は四つ張り網を経営する友人がいたので、その船に網子として乗りくんでいた。網子を七年間続けたのち、船から下り、今度は自らが刺網漁を営み、現在にいたっている。

塩干魚加工は、漁閑期を除いた三月から一〇月までの期間におこなっている。Mさんは魚をさばく作業のために、村内の漁家から女性三〜五人を雇っている。プラスチック製の箱一杯分（約六〇kg）の魚の加工賃は二〇リンギットである。加工賃を作業人数で割った分が彼女たちそれぞれの報酬となる。

加工用原料は、基本的には刺網業者から調達している。浜で重量を計量し、その場でこれに応じた金額を漁業者に支払う。地元の漁業者から魚を手に入れることができない時には、漁業開発公社を通じてイワシの一種タンバンを購入したり、北約三〇㎞に位置するクアンタン漁港から二べ、ホソヒラアジなどを得たりすることもある。地元産の原料が全体に占める割合は、六〇〜七〇%であるという。製品は、クアンタンの近郊に住む業者が二週間に一度引きとりにくる。

西海岸の生産地

西海岸にも東海岸同様に塩干魚生産地はいくつも見られるが、ペラー州の産地を除くと規模はいずれも小さい。これは、すでに指摘したように、漁獲物のほとんどが鮮魚として都市部へ出荷されることとも関係している。以下では二つの生産地を訪ねてみよう。

●ジョホール州パリジャワ

パリジャワは、第1章で詳しく述べたように、華人漁業者が多数を占める商業的漁業地区である。鮮魚出荷を主体としており、塩干魚加工業者はパリジャワ漁港に一人、魚市場に一人いるのみである。加えてケーロン（漁柵）漁家が副業としておこなっている。

S氏は、漁港のわきにある仮小屋で塩干魚を作っている。浮刺網でとれるイケカツオのみを原料にしている。ドラム缶三個およびプラスチック製の容器二個を漬け樽として使っている。イケカツオは鮮魚としては人気がない魚種である。この地域でも魚市場に出まわることはきわめて少ない。S氏は浮刺網漁船が帰港すると漁船の係留場所におもむき、体重二・八〜三・五kgの大型のものをkg単価二・八〜三リンギットで引きとっている。

イケカツオは尾の方から背開きにする。内臓を取ったのち、頭にも割りをいれて三枚におろす。卵巣がある場合には別に残しておく。魚肉には塩をすりこみ、そのままドラム缶に入れ、ハエがつかぬようビニールでおおいをして数日間おく。その後、これを漬け汁の中に数日間漬けこむ。漬けおえた魚は海水をかけ、ブラシを使って入念に洗い、天日で乾燥させる。卵巣も同様に漬け

イケカツオをさばく華人の塩干魚加工業者：ジョホール州パリジャワ

港でイケカツオを洗う：パリジャワ

イケカツオを干す作業中：パリジャワ

こんだあと干しあげる。商品はkg単価七リンギット、卵巣は同じく三リンギットで業者へ卸す。マレー人が好むので、半島北部ケダー州のアロースター方面へ出荷されるという。

ケーロン漁家のなかには、漁獲されたもののうちからサイズ的に小さいタチウオに加えて、魚市場から入るタチウオ、アジ科のチンチャルー（いずれもkg単価一リンギット）を大量に買いこみ、これらを塩干魚に加工する者がいる。ただし、加工法は浸漬とは異なる方法である。魚を開いて内臓を取りのぞいたのち淡水で洗い、これを塩水に数分間つけてから魚干棚で干しあげる。この製品は、隣県の中心都市バトパハにいる業者が引きとっている。

魚寮：ペラー州パンコール島

●ペラー州パンコール島

パンコール島はトロール漁業およびアジ類やイカンビリスを漁獲対象とするまき網漁業の先進地域である。島の東海岸ピナン地区には華人漁業者が多く居住している。船主層は、海岸に漁船の接岸施設、荷揚場、荷捌場、魚干棚などを備えた魚寮《イーリャオ》と呼ぶ施設を構え、規模の大きい魚行（水

イカンビリスや塩干魚が並ぶ店頭：ペラー州パンコール島

産会社）を経営している。鮮魚出荷とともに、水産加工業がさかんな島でもある。加工品の中心はイカンビリス、スルメや魚の調整品などである。

パンコール島の西海岸沿いはリゾート地として開発されていることもあって、島を訪れる観光客が多い。島でもっとも大きい商店街パンコールビレッジには海産物を売る土産物店が何軒もあり、イカンビリスとともに、フエダイ、ツバメコノシロ、サワラなどの塩干ものが店頭に並べられている。これらのほとんどは、島内で加工されたものではなく、ランカウィ島、ペナン島などの卸売業者から供給されたものである。

かつては塩干魚加工もおこなわれていたが、現在では、島の南にあるマレー人漁村テロッククチルで、三軒が副業としておこなっているにすぎない。扱う魚種もイケカツオとニベのみである。イケカツオは釣りによって漁獲される。ニベは地元のトロール漁船から供給される。価格は、小型のイケカツオがkg単価三リンギット、大型が四・五リンギット、ニベが一・八リンギットであった。これらの塩干魚がそれぞれ、kg単価九リンギット、一一リンギット、二リンギットで島内の業者に卸される。

消費の状況

一九九八年の調査では、消費地において塩干魚の種類や価格について聞き取りをした。聞き取り結果から、塩干魚の流通と販売の特徴について考えてみよう。

調査場所は、公設市場内の店舗、スーパーマーケット、卸売・小売商、小売商、定期市の仮設店舗である。品揃えには差があり、しかも同じ種類の魚についても、品質に差があることもあらかじめ断っておきたい。

サワラの塩干ものは、マレー語でイカンジュルック、華語で梅香《ムイヒオン》と呼ばれる。半乾燥品で匂いが強いという特徴をもつ。スーパーマーケットでは切り身のパック入りで店頭に出されている。kg単価は卸売・小売商のそれと比較して五〜九リンギット高い。定期市の仮設店舗でも価格はやや高くなっている。サワラのほとんどが、ペナンの卸売商を通じて入ってきている。聞き取りによれば、タイで生産されたものが輸入されているという。タイでビニール袋に密閉し、木箱に詰めた商品、あるいはペナンの卸売商が一尾ずつビニール袋に詰めた商品が消費地に送られてくるという。マレーシア国内の塩干魚生産地をかなりの数めぐってみたが、このようなサワラの加工をしているところは一か所も確認できなかった。

塩干魚の販売価格　　数値は kg 単価：リンギット

ナマズ	イケカツオ	フエダイ	グルクマ	ツバメコノシロ	サメ	タチウオ	ギンカガミ	エソ
5.0	10.0	25.0	7.0	11.0				
	33.9	49.9	9.9	37.9	14.9			17.9
					14.5			
						8.0	8.0	
				30.0		6.0	10.0	
	17.5			28.75				17.5
6.0	14.0	12.0			8.0			
	16.9			18.9				
5.0	8.0	28.0			6.0			

ところで、塩漬けのサワラを油に漬けた「油浸梅香」という商品が各地で販売されている。ほとんどの商品がペナンおよびパンコール島で製造されているが、これもタイで加工された塩干魚を原料にして、マレーシアで商品化されたものと思われる。

ツバメコノシロも高級な商品である。これもペナンの卸売商を通じて入ってきているものが多かった。「メルグイのツバメコノシロ」(Kurou Mergui) と表記された製品がいくつかみられた。クアラルンプルの卸売・小売商での聞き取りによると、ほとんどがミャンマー産であるという。メルグイはアンダマン海に浮かぶ諸島の名前でもある。フエダイについても、クアラルンプルにはマレー半島東海岸で生産されたもののほかに、東マレーシアのサバ州産、インドネシア産も入ってきている。

トレンガヌ州の塩干魚生産量は統計でもみたように近年減少している。そこで、地区内の消費を補うために、品質的には劣るが価格が安いタイの塩干魚が、国境近くの町タクバイの市場を通じて入ってきている。クアラトレンガヌのセントラルマーケットで

消費地における

調査地	サワラ	エイ	アジ（チンチャルー）	アジ（セラー）	ニベ
クアラルンプル（卸・小売店）	15.0	13.0	7.5	6.0	7.0
クアラルンプル（Aスーパー）	23.9	16.9		9.9	
クアラルンプル（Bスーパー）	22.9				
ジョホールバル（公設市場内の店舗）	15.0		8.0		8.0
ジョホール・パリウソ（定期市）	20.0	14.0			7.0
ポンティアンクチル（小売店）	15.0	6.0	6.0	6.0	8.0
ジョージタウン（Aスーパー）	20.0				12.0
クアラトレンガヌ（公設市場内の店舗）	12.0	8.0	6.0	6.0	10.0
クアンタン（Aスーパー）	12.9	11.9			
クアンタン（卸・小売店）		8.5	7.5		13.0
クアンタン（公設市場内の店舗）	10.0		5.0		5.0

（聞き取りにより作成）

販売される塩干魚の三〇%はタイ産といわれている。

一方、地域内で生産された塩干魚がその地域市場に供給されている場合も多い。たとえば、パハン州クアンタンの卸売・小売商ではニベ、アジ（チンチャルー）、サメは近隣のブッサラー産の製品が多かった。ジョホール州パリジャワでみたようなタチウオの塩干ものは、短時間の塩水漬けののちに乾燥させた製品であるが、これは、ジョホール州の各地で生産され、州内の華人居住域で多く消費されるようである。クアラルンプルでは近隣のセランゴール州ケタム島から入る海産ナマズやペラー州のクアラクラウから入るグルクマ、フエダイも確認できた。

変化する塩干魚生産

半島マレーシアの塩干魚生産とその流通には、さまざまな変化がおこっていることが見えてきた。しかし、生産地と消費地をめぐり、いわば定性的なデータを収集するに終始せざるをえなかったこともあって、生産、流通の変化を検証する定量的な資料の蓄積にはいまだいたっていない。以下では、ここまでの調査で明らかとなった点をまとめるとともに、今後どのような調査が必要か考えておきたい。

●国際商品としての塩干魚

塩干魚は、これまで、ほとんど地域内および地域間移出というかたちで消費されるといわれてきた。しかし、マレーシアでは高級品を中心としてかなりの製品がタイ、ミャンマー、インドネシアから輸入されていることが明らかとなった。塩干魚も国際的な商品として位置づける必要があるだろう。たとえば、ツバメコノシロの場合、ミャンマーが生産地として有名である。これは、マレーシアでもっとも好まれる塩干魚のひとつであり、ミャンマーから大量に輸入されていると推定される。ミャンマーからタイへ、そしてタイからマレーシアへ非公式な交易を通じて流入する商品でもあるという。したがって、公式統計からは正確な輸入量を明らかにできない。たとえば、ミャンマーからタイへ輸入される塩干魚の量をタイの漁業統計でおさえようとしても、一九八四年から一九九〇年にかけては一九八四年の一九tが最高で、八七、八八年には二t、八九、九〇年にはまったくないという状況であった。輸入の実態を統計から読みとることはほとんど不可能である。商品はタイとミャンマーとの国境を通じて、場合によってはバーターでマレーシアにも入ってくると考えられる。このような交易品としての塩干魚の実態を明らかにすることは、東南アジアにおける塩干魚利用の文化のみならず、水産加工品の生産や流通のネットワークを理解するうえにおいても今後重要な研究課題となるだろう。

●国内生産量の低下

塩干魚を輸入している現状は、一方において、マレーシア国内の生産量が低下していることを意味する。東海岸では塩干魚加工業者数が著しく減少している地区があった。その原因として、①近年、いずれの漁業地域でも鮮魚出荷が多くなってきていること、ならびに、②地元での漁獲量がのびず、原料魚の入手が困難になりつつあること、の二点をあげることができる。営業を続けている業者も地元産の原料魚だけでは十分でなく、マレー半島各地から荷を引いている。それにとどまらず、安い原料魚をタイやインドネシアから輸入しているところもある。塩干魚加工はかつての在村型の産業形態を維持しながらも、域外の鮮魚とリンクしているのである。このような状況を考えると、今後、生産地が以前にもまして限定することも予想される。

●塩干魚の分類再考

東海岸には、イカンビリスの塩蔵発酵品から抽出される魚醤ブドゥがある。ブドゥ系のことばは、石毛・ラドル（一九九〇）によれば、フィリピン、南タイ、マレー半島でみられるという。フィリピンではナレズシあるいは塩漬けにした魚などの保存食品をさす。マレー半島ではコロイド状に加工された魚醤を特定してこう呼んでいる。しかしながら、コタバルの公設市場では雨季の期間中、塩蔵魚イカンブドゥが販売されていた。すなわち、調味料ではない食材としてのブドゥが存在するのである。イカンブドゥという呼称の使用はコタバル周辺に限られるようだが、この呼称がいつ頃から用いられるようになったかは明らかでない。マレーシアではブドゥが魚醤を表すものと長らく考えられてきたが、塩蔵魚としてのイカンブドゥが存在している以上、ブドゥ系の用語について再考しなければならない問題があることを指摘しておきたい。

魚の発酵食品は通常、三か月から九か月間かけて魚肉を単調な成分にまで発酵させ、液状もしくはペースト状に仕あげる。塩汁につけたのちに干しあげる塩干魚は、本来は発酵食品ではないと考えられてきた。しかし、アフリカでは、数日間漬け汁の中で漬けた発酵食品もある。この場合、魚体のかたちはくずれずにそのまま残っている。マレーシアでもとくにフエダイやイケカツオのような大型魚の場合、浸漬期間は一週間近くであり、魚肉の発酵はいくぶん進むと思われる。また、漬け汁は一回ごとに新しく作るのではなく、水と塩を加えつつも複数回、使用する場合が多い。漬け汁には魚肉の成分が分解したエキスが混ざっている。したがって、そのエキスの風味をコーティングするという加工法が加わっているともいえる。日本の八丈島や伊豆諸島で製造される「くさや」のような風味をもつものも多い。

マレーシアで使用される塩干魚を表す用語には、イカンクリン（クリンは「干す」という意味）、イカンマシン、イカンジュルック（ジュルックは「漬ける」という意味）がある。これらにイカンブドゥを含め、塩干魚のカテゴリーを食文化的な視点から再検討することも今後必要となるだろう。

III

漁業地域の変貌

漁業地域の拙い調査歴もいつの間にか四半世紀におよんだ。この間、同じ地域を繰りかえし訪ねたり、かつて調査した地域を再び訪ねたりする機会にも恵まれた。最近、このような漁業地域・漁村を、時を違えて調査できることに喜びを感じる。常に新たな研究課題をもって調査に赴くというには程遠いが、たとえば「漁場利用の生態学的理解」を進めるために以前と同じ調査手法をとったにしろ、その時々で得られた情報から、今度は地域の「変容のプロセス」が見えてきたりすることがあるからだ。

私の研究方法は、漁業活動の観察、個人の漁獲実態の把握など、いわば共時的なものが多かった。しかし、このような共時的な調査結果を重ねていく技法によって、地域の通時的な変化の過程を少しずつ理解できたり、時には、それまで考えていたものとは異なる研究のフレームを発見できたりすることがある。

一九九〇年と九二年に調査したパプアニューギニア西州カタタイ村では、水産資源の利用にともなう劇的な変化に驚かされた。私は、ひとつの結論として、共有財産である資源の管理や開発の問題を分析する際には、短期間の変化を詳細に記述し検討することの意義は大きいと考えた。マレー半島西海岸の漁業地区パリジャワの調査も次第に長くなってきた。その時々の実態から見えてきた漁場利用とそこに生じるコンフリクトについては、第1章で描いた通りである。一九九五年、九六年に滞在し、二〇〇三年、七年ぶりに訪れることができた東インドネシア、コディンガレン島についても、変化する漁業構造と生活様式をさらに詳しく学ぶことができればと思う。

地域の変貌を分析し、レポートすることは、いわば地域の「履歴書」を書く作業のようにも感じる。ここでは、パリジャワの変化と、二〇年近い時間をおいて訪ねることができたフィリピン中部、パナイ島サピアンにおける内湾・河川漁業の変貌という二つの履歴書を書いてみることにしたい。

5 変わる海口

パリジャワとの出会い

●フィールドを決める

「なぜ、その場所をフィールドに選んだのですか?」、と時々質問されることがある。私は、「経験と勘です」と答える。事実、それ以外に考えられない。あえてつけ加えるとすれば、事前に情報を知って是非その地を見たい、その場所に立ちたいという強い思いからであろうか。

「熱帯アジア・西南太平洋地域における水産資源利用」に関する調査研究のメンバーに加わり、マレーシアの地を踏んだ一九九一年当時、私は潮汐・潮流現象に関係した漁業活動に特に関心があった。そこで、いわゆる泥海のような場所を調査したいと考えていた。

クアラルンプルに着いたメンバー六人は、翌日には農業省漁業局を訪ね、漁業専門官からマレー半島南部の漁業について聞き取りをし、彼がいうところの「調査に適当な漁村」を選びだすことができた。

翌日から、四日間のマラッカ・ジョホール両州のジェネラルサーベイ（予備調査）に出かけた。何人かはこのサーベイで調査地を決める計画にしていた。二日目にジョホール州に入り、ムアー市の南一〇数㎞にあるパリジャワという華人漁村を訪ねた。干潟の海岸や船だまりの状況、港前の民家の様子などから、単独での調査にはもってこいの規模であるように、すぐさま思われた。漁船の数も、参与観察や乗船調査をするのに適しているようだった。こうした考えの根拠には、それまでおこなってきた自らの調査方法や研究視点に基づけば、漁業活動に関係する様々なデータを集めることができるのではないか、という経験に裏打ちされた一種の勘のようなもの以外にはなかった。研究代表者であった秋道智彌さんも即座にこの地を私に勧めてくださった。これもまた、私の研究視点を理解してくださった秋道さんの経験と勘によるところが大きかったのではないか、と今でも思っている。

一時間ほどのまさに駆け足の訪問であったが、宿を決め、翌週には再訪することを約束し、パリジャワを後にした。四日後、パリジャワに戻った私は、ここで約二か月を過ごすことになった。

●パリジャワでの調査

パリジャワへは、それ以後一〇年の間に六回、七回と通い、漁港や魚市場での観察、乗船調査、漁業者への聞き取りを続けてきた。これまで漁場利用形態、漁業経営の実態、漁獲物の扱われかたなどを調べ、パリジャワ漁業がどのような特色を有しているかを考えてきた。その結果、潮汐・潮流現象が漁業を決定づける重要な因子となっており、「タイドシステム」とでも呼ぶべき漁場利用形態が確立していることがわかった。また、華人魚商人が市場を掌握するとともに、漁業者間のネットワークに深く関与していることや、漁業生産の過程で「くず魚」が発生しているが、それらは魚類養殖用の餌として有効に利用されていることなど、様々な知見を得た（田和 一九九二、一九九五）。第1章で扱った、かご漁業をめぐって繰りひろげられる資源管理と資源獲得にともなうコンフリクトの解明も、約一〇年にわたるパリジャワ調査から得られたものである。

●変化する漁業地域

ところで、一九八一年以降、半島マレーシアの海面漁業生産量は減少傾向が続いている。とくに、西海岸、マラッカ海峡側においては、トロール漁業による乱獲が資源枯渇をまねいてきた（Ooi 1990）。しかしながらトロールは、さらに漁獲強度を強める方向へ転じるとともに、禁漁区域を含む新規漁場への入漁を繰りかえしながら、現在でも主要な漁業種類の位置を維持している。

漁獲量の減少に対して、各地の漁村・漁業地域はその対応にせまられている。パリジャワでも、フエダイやハタ類などを漁獲するかご漁業者の中には、漁業技術の機械化を背景に操業域を拡大し、未利用資源を獲得しようとするものが出現した。それはインドネシアとの国境線に近づくことを意味した。漁業者は領海を侵犯する危険性と常に背中あわせで操業しなければならなかったのである（第1章）。そのほか、新しい仕事探しに余念がない漁業者もいた。

一方、一九九七年から一九九八年にかけて国家経済が破綻する危機に直面したとはいえ、マレーシア経済の成長はすさまじく、そのことが国内外の観光客をあてこんだ観光産業へ資本を投下する現象をうみだした。観光開発が各地で進行し、沿岸域でも観光施設の充実や海洋の総合的な利用をもくろんだリゾート開発などが進められてきた。旧来の漁業専業地域も、新しい経済活動としての観光産業に関わらない例外の場所ではなくなりつつある。

以下では、これらの状況をふまえて、主として一九九八年八月の調査で得た資料を用いながら、パリジャワ漁業地区が漁業をとりまいて生起する問題にいかに対応し、変貌してきているのかを考えてみることにしよう。

パリジャワ漁業地区

パリジャワは、マラッカ海峡に面した、ジョホール州北西部の町である。漁港は中心市街地から約一㎞西にある。沿岸はかつて湿地帯であり、百数十年前にはマレー人の家屋がわずかに点在したにすぎなかった。そこに潮州人、福建人などがマレー半島各地から流入し、マングローブを伐採し、漁港を徐々に形成していった。華人たちは、華語で海口、マレー語でパンタイと呼ぶ漁港周辺をパリジャワ発祥の地ととらえている。

マレー半島西海岸は、一九世紀から二〇世紀にかけて、スズとゴムの開発によって著しい発展をとげた。これらの開発に労働者として関わったのは中国、インドから職を求めてこの地へ流入した人びとであった。彼らはスズ鉱山やゴムプランテーションの周辺に集住した。やがてこのような地域が都市として発展した。都市部では動物性たんぱくの需要が高まるとともに、その供給源としての漁業が注目された。この利を求めて華人資本が西海岸に集中的に投下され、華人も漁業に従事するために沿岸部へ移り住んだのである。パリジャワ漁村の成立はこのような一連の動きの中でとらえることができる。

現在の漁港は、住宅地の間を流れる小河川パリジャワ川の河口部を開削して造られたものである。付近には砂泥干潟とマングローブ湿地が広がり、その間の細い澪すじがマラッカ海峡へ続く漁船の航路となっている。一九五〇年代後半生まれの世代によれば、彼らが子供の頃、漁港周辺には砂が混じる海岸が広がっていた。子供たちはこの海岸でボールを蹴って遊んだという。しかし一九六九年、高潮から周辺の農地と宅地を守るため、河口部分に水門が設けられた。泥土が多く含まれた川の水を放水する時には、水門を開いて一気に海へ流すという方法もとられた。この水位調節法が海岸部に砂泥を堆積させ、干潟を発達させる結果になったといわれている。

パリジャワの海口、右手に天后宮が見える

マラッカ海峡へ続く澪すじを通って帰港する漁船

主要な漁業種類は、かご、ケーロン（漁柵）、浮刺網（流網）である。これらは、マレーシアではいずれも伝統的な漁業種類に含まれる。操業域は地先の浅海域およびジョホール州北部一帯の沖合である。

一九九七年の漁業者数は、パリジャワが含まれるムアー漁業地区全体で九三〇人を数える。このうちマレー人が五九二人（六三・七％）、華人が三三八人（三六・三％）である。パリジャワの漁業者数は約三〇〇人を数え、その八〇％以上が華人漁業者である。漁獲高はムアー漁業地区全体のおよそ六〇％を占め、年間約一一〇〇t、金額にして六五七万リンギット（約二億円）に達する。漁獲物は地域内で消費されるほか、ジョホール州内の内陸諸地域へと運ばれる。エビ類やマナガツオ、フエダイなど、高級魚の一部はクアラルンプルおよびシンガポールへも出荷されている。

漁港周辺の変化

●漁港周辺の地図づくり

地理学を学んできた者にとって、地図を読んだり、描いたりすることは、必須のスキルである。とくに小地域を調査する時には、たとえば集落の地図がぜひとも必要と感じる。日本国内の調査であれば、縮尺二五〇〇分の一や五〇〇〇分の一など大縮尺の地図が頼りになる。これらの地図では一筆ごとの田畑や家屋構成まで読みとることができる。それらをベースマップにして、地域

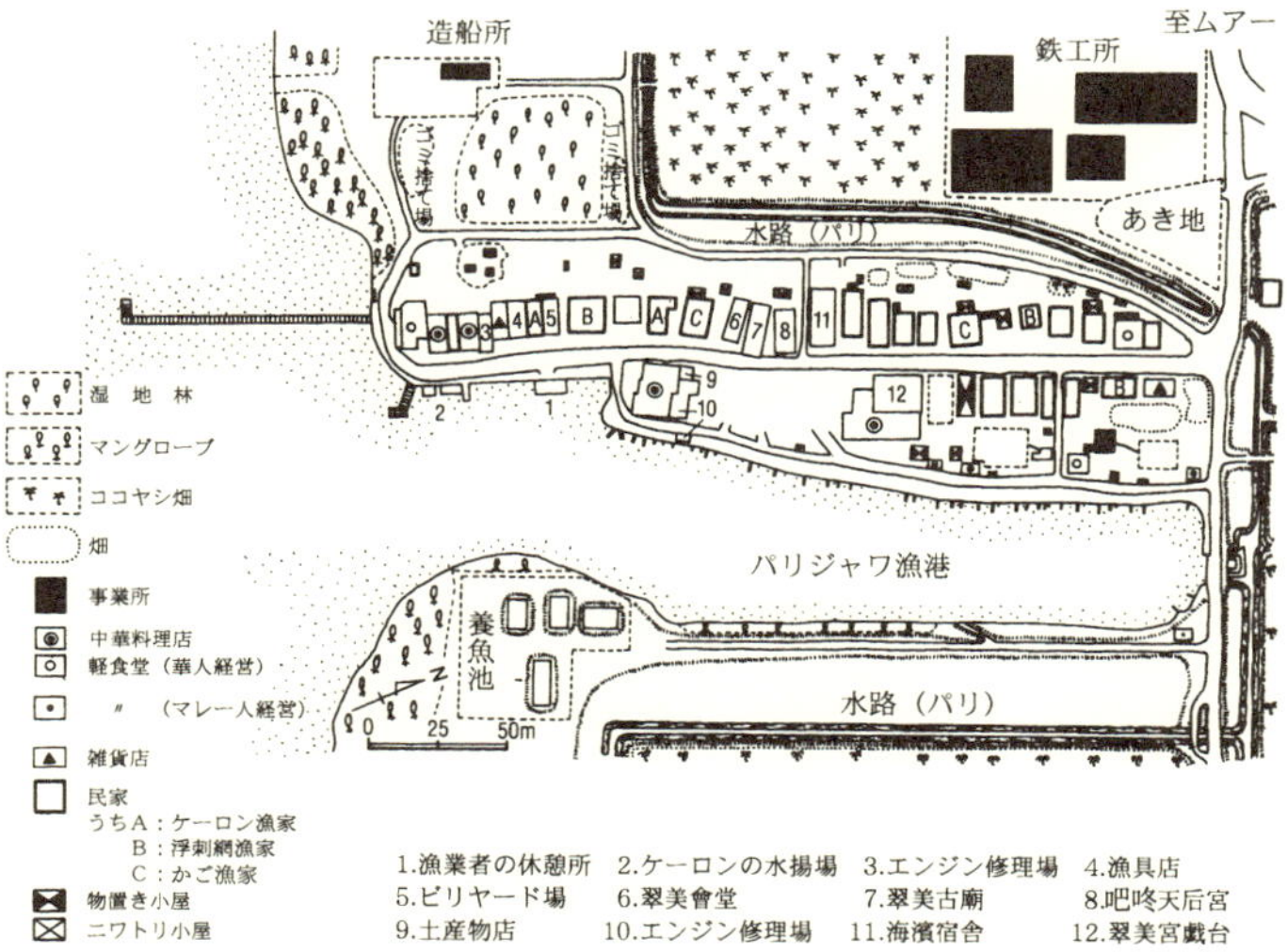

パリジャワ海口（1991年8月）

を丹念に調べ、情報をこの地図に加えることによって様々な地図が描けるのである。大縮尺のベースマップは、各自治体の都市計画課などで簡単に手に入る。

マレーシアではどうか。多色刷りの五万分の一地形図は、クアラルンプルにある地図局に出むけば、マレー半島全域のかなりの部分を手に入れることができるが、これより大きな縮尺の地図というと、入手はかなり難しい。地方の集落図となると、役所や警察署に掲げられた手描きの地図を除けば、まったくといってよいほど目にしたことがない。しかし、調査地域を理解するひとつの方法として、せめてパリジャワ漁港周辺の地図くらいは作りたい、と早くから考えていた。とはいえ、こちらは十分な技法も学んでいない。そこで、

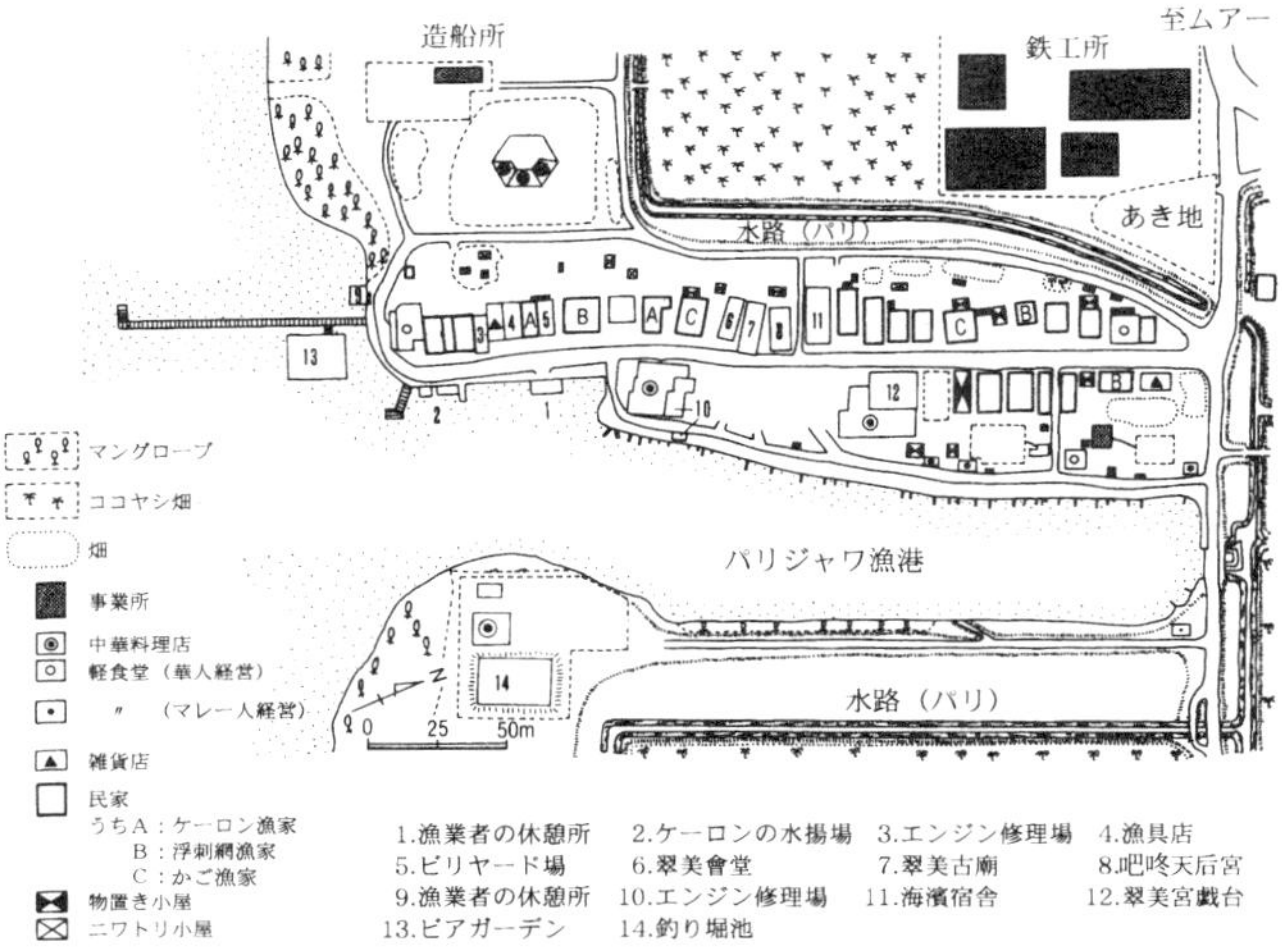

パリジャワ海口（1998年８月）

稚拙な方法ではあったが、歩測による簡単な地図づくりを試みることにした。

まず、同じ歩調で歩くことを心がけ、逗留している港前のホテルの玄関に巻尺をのばし、ビーチサンダル履きの私の一歩が何㎝になるか、繰り返し確認した。それから、B４判用紙に二〇歩ごとのメッシュをかけ、次に方位とランドマークを決定した後、漁港周辺を歩きまわり、道や建物の位置、大小の桟橋などを用紙に書きこみ、建物については用途を確認した。そうしてできあがったのが、ここに掲げた「パリジャワ海口（一九九一年八月）」の地図である。一九九八年の調査では、この地図をベースマップとして、そこに変化の状況を書き加えてみた。二つの地図を比較しながら、漁港周辺の変貌ぶりをみてみよう。

●観光化の波

漁港周辺には海鮮料理を売りものにした中華料理店が数軒営業している。パリジャワは鮮度のよい魚を提供する場所としても名前が通っており、週末や休日には海岸べりで食事を楽しもうとする多くの客が近隣から集まる。景観的にもっとも変化したのは、このようなレクリエーション客を目あてに造られた施設の増加である。集落後方の湿地林は五〇m四方の広さがあり、一九九一年当時には、一部はごみ捨て場と化していた。それが、一九九四年にはジョホール州政府の援助によって伐採・整地が進められ、そこに大型の集合型店舗施設が完成した。そのなかで三軒の海鮮料理店が営業を開始した。集落の対岸側には、一九九一年当時、放棄された古い養魚池が四面あった。一九九六年、このうちの三面が埋めたてられ、そこに海鮮料理店およびカラオケハウスが開店した。他方、このような海口の変化にともなって、かつて営業していた海鮮料理店のなかには客足が遠のき、閉店を余儀なくされたところがみられた。漁港の先端に近い二軒が一九九六年に閉店している。

漁港の対岸に残された養魚池一面も、一九九六年には改修され、釣り堀施設「巴冬釣魚台」となった。この施設はパリジャワ在住の華人により経営されている。池にはマレー語でシアカップと呼ばれるアカメ科の魚を中心にハタ、フエダイが放たれている。魚はいずれもジョホール州南部の養殖漁村ククップから購入している。購入価格はkg単価一八リンギットである。入場料金は

新しい集合店舗

漁港対岸にある海鮮レストランとカラオケハウス

釣り堀で楽しむ人びと

一時間で一〇リンギットと決して安くはないが、近隣の華人、マレー人にとっては手頃なレジャーの場所として受けいれられるようになってきている。

漁港の突端部には、木造の長い桟橋がある。かつては漁船を係留する場所であったが、水路から排出される砂泥によって干潟化が進行し、一九九一年当時、すでに使えなかった。一九九六年、この桟橋の中ほどから高床の張りだし台が設けられ、ビアガーデンとして使われるようになった。ここには、マレー語で漁業者を意味するヌラヤン（nelayan）という屋号がつけられている。

以上のような開発を中心的に進めてきたのは華人P氏（一九九八年当時四〇歳）である。彼は、パリジャワ出身で、ムアーの英語系の高校を卒業したのちにクアラルンプルで警察官として就職し、一九九四年にその職を辞して故郷に戻ってきた。その後、レクリエーション開発の会社を設立し、州政府の認可を受けてさらに開発を進めようとしている。そのことが漁業地域の振興につながるという発想である。開発は、「川を愛する計画（Love the River Project）」と命名され、一九九六年から数年ののちには、約一haの湿地帯を緑におおわれた美しい海岸沿いの観光リゾートに仕あげようというものであった。マングローブやニッパヤシの茂みの間にレストラン、ケーロンの櫓に似せたニッパ葺きの小屋、小さな宿泊施設などを造る。観光客はそこからウォーターフロントを楽しみ、海岸に生息する動物や鳥類を観察する。また、マングローブ湿地を歩いたり、マラッカ海峡で魚を釣ったりするのである（*Utusan Malaysia* 紙 9 July 1993, *New Straits Times* 紙 26 January 1996; 30 August 1996; 18 October 1997）。P氏は一方で、州政府の方針にしたがって環境の保全に努力し、リゾートの近くには自然保護センターを設ける構想ももっている。しかし、一九九七年のマレーシア経済の停滞とともに資金調達の目途がたっていない。しかも地元の漁業者からは開発に対する十分な理解が依然として得られていない。一九九八年九月にクアラルンプルで開催された英連邦スポーツ大会以前に完成を予定していたものの、計画は頓挫したままであった。

漁業経営の変化

華人たちは、商店主や企業経営者などを老板《ラオパン》と呼ぶ。船主やケーロン所有者も同様に老板と呼ばれる。

漁業に従事する老板の中には、操業は雇いいれている漁業者に任せ、自らは出漁しない者も多い。彼らの日常的な仕事は、帰港した自船の漁獲状況を確認すること、漁獲物を地元の水産物市場に出すこと、競りののちに魚商人から支払われる水揚金額を雇用者に分配すること、などである。彼らは頻繁に漁港周辺に顔をみせる。そのほとんどの時間を休憩所や喫茶店（茶室）で飲み物をとりながら談笑したり、麻雀やトランプなどのゲームに打ち興じたりしながら、漁船の帰港を待つことに費やしている。

老板の中には、漁業以外の仕事を併営する者もいる。また、他の仕事についていた老板が新たに漁船を購入し漁業に参入した例もある。それらの事例をいくつか示しながら、漁業経営の変化について考えてみよう。

●ニボンヤシの輸入

L氏は、パリジャワを代表するケーロン漁業者である。ケーロンは浅海部に櫓と垣を設け、櫓から張網を敷設した漁具で、潮流とともに泳いできた魚が垣に導かれ、張網に落としこめられる構造になっている。彼は、魚群の移動経路としてもっともよいトーホー岬沖に二基のケーロンを所有していることから、ケーロン漁業者の中では最高の漁獲成績をあげている。

L氏は、一九九一年には、二人の漁業者を雇用していた。自らを含めた三人のうち二人が交替で出漁する方法をとっており、連日のように出漁していた。現在では、漁獲の多い時期に出漁するだけで、通常の操業は二人の華人労働者に任せている。年間の漁獲収入の合計は二〇万リンギットに達するという。自らの収入は月額で五〇〇〇～八〇〇〇リンギット、雇用者の収入は一人あたり月二五〇〇～三〇〇〇リンギットである。

L氏は、一九九七年から、マラッカ海峡の対岸に位置するインドネシアのリアウ島、スマトラ島沿岸のスラットパンジャンなどから、ニボンヤシ材を輸入するビジネスを始めた。これは、ケーロンの垣や櫓を築くときに欠かせない材である。ケーロン一基を築くには、六〇〇本以上のニボンヤシを必要とする。そのほか、補修用につねに数十本は確保しておかなければならない。近年、マレーシアではニボンヤシが不足しており、安価なインドネシア産が大量に輸入されるようになってきた。パリジャワの沖合にはケーロンが集中しておりニボンヤシの需要が多い。彼はこのことに注目し、自ら直接輸入しようとしたのである。

まず、ジョホール州南端のククップで輸送船をチャーターし、スマトラ島沿岸まで出むく。そこでニボンヤシを調達してこれをパリジャワまで運搬する。一回に約三〇〇〇本のニボンヤシを運ぶという。一九九七年には二回輸入した。彼は一本につき五リンギットの儲けがあるという。したがって、この年、ニボンヤシ輸入のビジネスによって約三万リンギットを手にしたことになる。

●アブラヤシ農園の併営

K氏も、ケーロンを経営する漁業者である。二人の漁業労働者を雇いいれ、実際の漁業にあたらせている。K氏の収入は月に数千リンギットである。

一九九八年五月四日と五日の二日間、所有する二基のケーロンの補修をおこなった。この二日間は農暦（旧暦）でいえば四月九、一〇日の小潮にあたる。ニボンヤシを海中に建ててゆく補修作業には、流れが弱い小潮時分が最適である。補修用のニボンヤシ材三三〇本（購入金額は合計で一万二〇五〇リンギット）を前述のL氏から購入し、補修はこれを専門に請けおうマレー人七人に日当一二〇リンギットで依頼した。補修費用の総計は一万三五六〇リンギットにのぼったという。

K氏は、一方でアブラヤシ農園を二〇エーカー所有している。農園の方はマレー人の労働者二人を雇用し、各人に一〇エーカーずつ管理させている。労働者に対しては、果実一 t の採取につき二八〜三〇リンギットを支払う。最盛期には、一日に七〜八tを採取できるという。近年、植物性油脂の人気が世界的に高く、アブラヤシの需要が伸びている。数年前までは搾油工場へおろす価格が一tあたり七〇リンギットであったものが一九九八年には四〇〇リンギットにまで上昇した。

ケーロンの補修作業

●水産物輸入

浮刺網漁船船主のC氏とカゴ漁船船主のU氏は、教員をしている友人T氏を加えて、一九九六年、インドネシア、スマトラ島沿岸のベンカリス、ドゥマイ、タンジュンバライ周辺から鮮魚を輸入するビジネスを開始した。一船で一回につき三〜五tをひと月に四回輸入している。この背景には、マレーシアで漁獲量が低迷し、鮮魚の価格が高くなっていることがある。そのため、インドネシア産の魚を安価で入手し、これをさばけば十分な利益を得ることができるのである。

輸送船はムアー河口港につく。税関でまず輸入手続がとられる。水産物には一〇％の輸入手数料がかかるという。その後、魚はパリジャワの魚市場に運ばれ、競りにかけられる。

ほとんどの魚が、ここに併設されている小売商の店頭で販売される。小売商人は、インドネシア産の魚をパリジャワ産の魚と同じように販売しており、とくに低価格をつけてはいない。消費者には産地についての情報が十分にいきわたってはいないのが実情である（口絵❾）。

●輸入魚を利用した塩干魚加工

塩干魚の加工業者S氏は、前述したC氏らが輸入するインドネシア産の水産物を加工原料として利用している。S氏はイケカツオ一種類のみを加工しているが（第4章参照）、地元産の不足分をインドネシア産で補っているのである。

イケカツオは、毎週一〇〇kg入りアイスボックスで数箱届けられる。塩干魚加工には魚の鮮度が要求される。浮刺網で漁獲された地元産がkg単価三リンギットに対して、エラやヒレに充血が認められ品質的には劣るインドネシア産のものは二リンギットである。しかし、数日間塩汁に漬け、天日乾燥したのち、両方とも同じkg単価七リンギットで仲買業者に販売している。

変わる海口

パリジャワの漁港周辺は一九九〇年代になって多様に変化しはじめた。

海口の観光開発は一九九八年八月の時点で、数軒の海鮮料理店および釣り堀施設が完成しただけで、主要なエコツーリズム型の開発は頓挫したままである。開発を計画する側と漁業者との間には依然として十分な理解は得られていない。漁業者は、海口の観光開発を一人の華人がおこなうビジネスとしてとらえ、そのことに直接関心がないようにもみえる。しかし、開発が計画されている湿地は漁港と隣接している。観光開発は、今後、地域の漁業とどのような関係をかたちづくりながら進行するのであろうか。海口の開発は共有財産としての沿岸域を考えるうえで重要な課題を含んでいる。

地元で水揚げされた漁獲物は従来から地域内で消費されるとともに、一部がジョホール州内各地、クアラルンプル、シンガポールへと出荷されていた。現在もこの状況は基本的に変わってはいないが、不足分をインドネシアからの輸入水産物でまかないはじめている。ケーロン漁業者によるニボンヤシ材の輸入も構造的にはこの水産物輸入に等しいといえるだろう。インドネシアの産地とマレーシアの消費地の間に新たな流通機構が確立しているのである。華人漁業者はこのような業態に比較的簡単に参入している。それが形成される過程やそこに存在するネットワークを明らかにすることも、今後の研究課題である。

6 干潟漁業の二〇年

二〇年ぶりのサピアン

東南アジアの漁村や漁業地域は、これまで何度も見てきたように、外部とつながることによって、様々な技術革新が生じたり、流通機構が変化したり、開発が進められたりしながら変貌をとげてきた。いわばフロンティアの地域である。とくに一九六〇年代以降、各地に新しい漁法が導入され、生産力が飛躍的に増してきたが、近年、その発展とはうらはらに乱獲や資源の枯渇が顕在化している。

本章でとりあげるフィリピンは、東南アジア諸国のなかでも早くから地域の漁業権を確立し、資源管理などの漁業政策にも積極的に取りくんできた歴史をもつ。たとえば、漁船を使用しないか、使用したとしても三tに満たない小型漁船を用いて操業する漁業は、地方自治体の管理に基づく漁業に分類され、各自治体が漁場の設定や漁業許可の交付、漁業税の徴収などをおこなってきた。

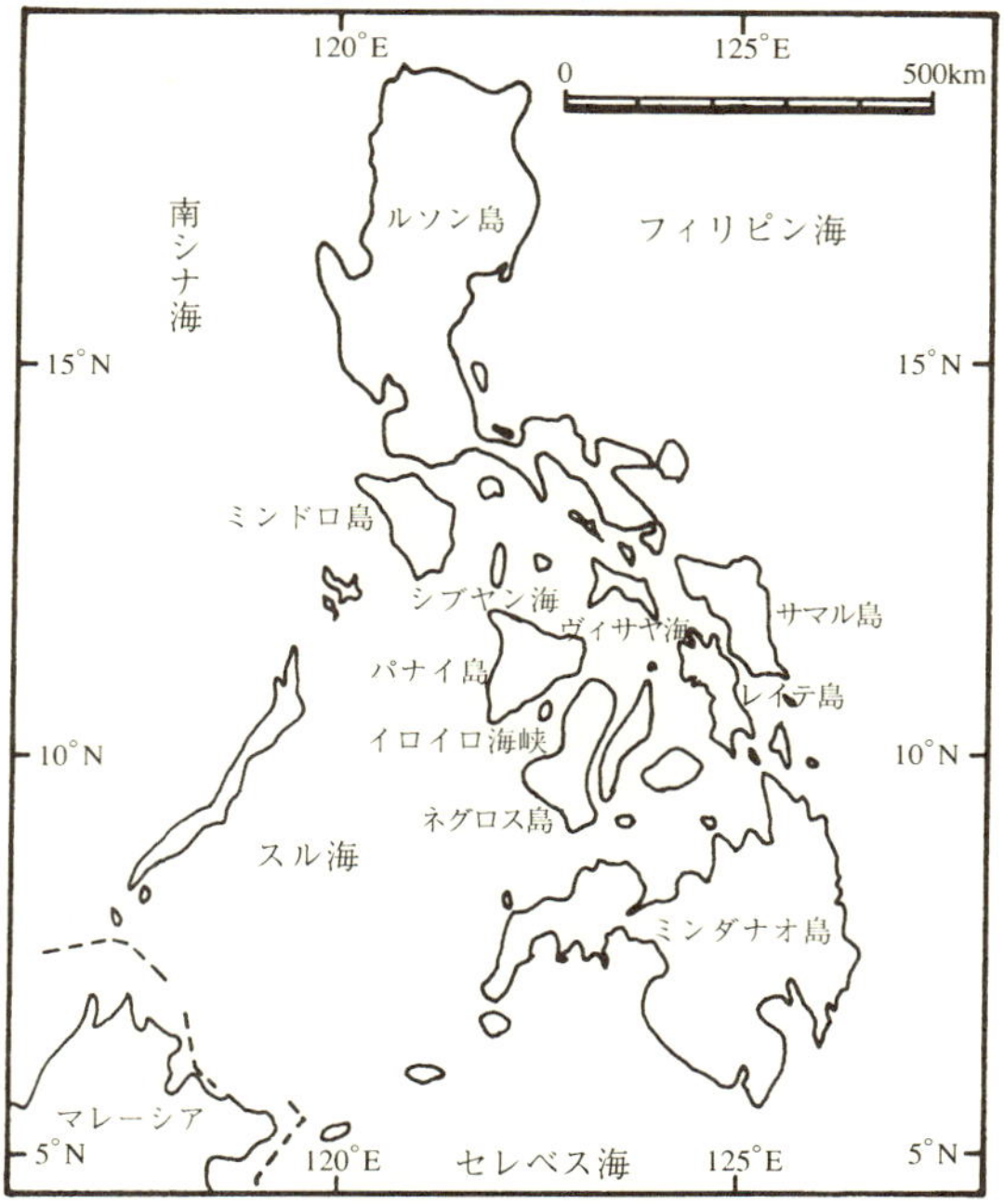

フィリピン概略図

ところで、私は一九八〇年に中部ヴィサヤ諸島に位置するパナイ島を訪れ、島の北部サピアン町で沿岸漁業の漁場利用に関する調査をしたことがある（田和　一九八二）。潮汐による変化が著しい内湾と湾奥部では、当時、様々な技術革新が進みつつあった。竹でできた漁具は伝統的な形態を維持していたものの、そこで使われる漁網は綿糸製から化学繊維製へと変わっていた。また、バンカと呼ばれる浮き木つきのカヌーにはすでに船外機が取りつけられていた。養殖漁業もさかんで、一九三〇年代に開始された湿地帯での養魚池漁業に加えて、内湾でも貝類養殖が始まっていた。資源利用の活発化が地域の漁業構造を特徴づけているように思われた。

約二〇年の歳月を経た一九九九年九月、私は再びサピアンの町に立つことができた。かつてマングローブの泥地に足をとられながら歩いたアンキンの船だまりは、コンクリートの船着場と化していた。私は二〇年前の景観との違いに驚きながら、当時と何が変わり、何が同じなのかを確認しなければならないと考えた。二〇年前と同じように、漁船をチャーターし、河川とサピアン湾の定置漁具を見てまわった。

二〇〇〇年九月、前年にひきつづいてサピアンに出かけるチャンスがめぐってきた。この時にはアンキンの港前にある食堂に部屋を借り、腰を落ちつけて、サピアンの沿岸漁業はいかに変化したのかを調べることにした。

本章では、サピアン漁業の二〇年間の変化について考えてみたい。変化の過程をつぶさに見てゆくことによって、地域漁業に潜む重要な課題が浮かびあがるはずである。そしてこれらを明らかにしてゆく作業が、水産資源を適切に管理し、有効に利用するための新たなアイデアを提供することにつながると思うからである。

フィリピンの資源管理

やや煩雑になるが、フィリピンの漁業資源の管理についてまずふれておこう。

フィリピンは、すでに述べたように、早くから地方自治体による沿岸漁業権を確立し、これに基づいた資源利用、資源管理などの漁業政策に取りくんできた。一七世紀にスペインの植民地となる以前から、バランガイと呼ばれるいわば村のような末端の単位ごとに、漁業管理システムが存在していたともいわれている。その後、権利を行使する主体は、スペインおよびそれに続くアメリカ合衆国の支配のもとで、バランガイから地方自治体（町）へと移行した。

漁業管理は一九七五年の大統領令七〇四号（一九七五年漁業法）によって、政府および地方自治体に正式に委ねられた。この法令によると、地方自治体が管轄する三t未満の漁船を使用する漁業または漁船非使用の漁業のことを沿岸漁業と定め、各自治体の海岸線から三カイリ沖までの水域が沿岸の漁業地域であることが明文化された（Smith, Puzon and Vidal-Libunao 1980）。しかし、これ以降におこなわれた自治体による開発や管理の諸策は、決して有効には機能しなかったとの指摘もある（Pomeroy 1995）。

現在、地域に根ざした資源管理政策は、政府および非政府組織（ＮＧＯ）によって進められている。一九八九年にはアキノ大統領が、違反操業を取り締まり、海洋を保全するためにバンタイ・ダガットという委員会を立ちあげた。これが従来の漁業法を強化し、管理に対する政府機関の協力および漁業者の参加を助長した。一九九一年には、政府は、地方のレベルに対して、資源管理を積極的に推しすすめるとともに、資源にアクセスする権利を地方に委ねる必要性を認めた(Pomeroy and Carlos 1997)。これらの中には、一九九一年の地方政府令のもとで沿岸漁業の管理を自治体と地方の漁業委員会に分散させることも含まれていた。

このように、漁業の諸権利を地方に移転させることが現在も進行中である。漁業および海洋資源の開発と保全を目的とする一九九八年のフィリピン漁業令の施行もこのような方策と関係している。

サピアン概況

パナイ島は、中部ヴィサヤ諸島の西端に位置する、一辺が約二〇〇kmのほぼ正三角形をした島である。北はシブヤン海、東、南はヴィサヤ海、ギマラス海峡、イロイロ海峡、西はスル海に面している。沿岸の漁業地帯の特徴を示すと、①浅海、マングローブ湿地、干潟地帯が卓越する北部一帯、②小島嶼が多くサンゴ礁が発達する北東部一帯、③砂浜海岸が多い南東部一帯、の三つ

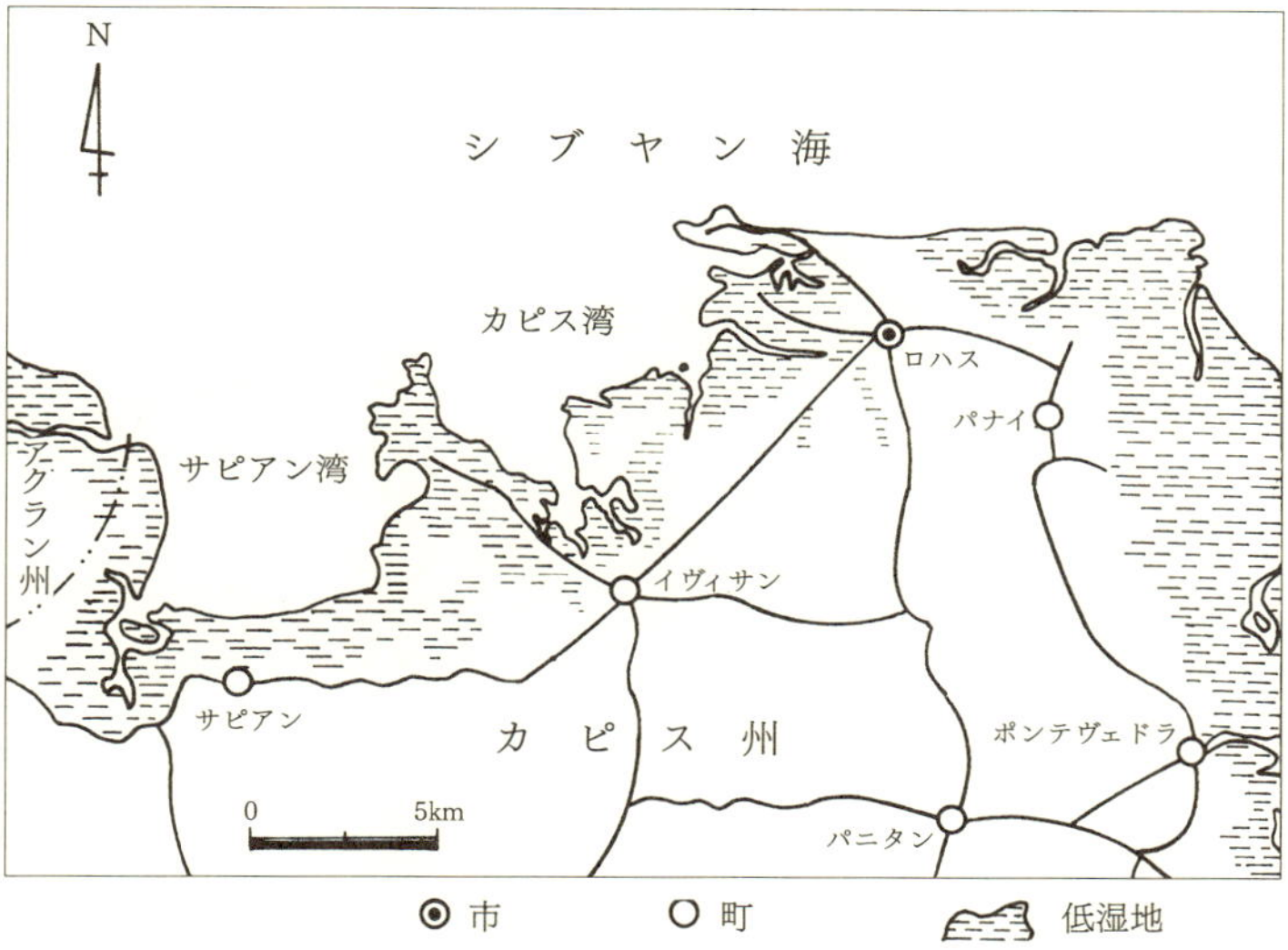

パナイ島北部

に分類することができる（矢野 一九九二）。

カピス州のサピアン町は、北部の中心都市ロハスの西約三〇kmに位置する。シブヤン海から入りこんだサピアン湾と海岸低湿地、さらにその間に形成されたいくつものクリーク状の河川に面して立地する町である。水域の特徴は、前述した三分類でいうと①に含まれるもので、浅海は砂泥地帯となっている。かつてマングローブが茂っていた湿地帯の多くが、フィリピンの国民魚といわれるバンゴス（和名はサバヒイ）の養魚池へと転換してきた歴史をもつ。一方、内湾部と河川部では定置式の様々な漁具を用いた小規模漁業がおこなわれてきた

町域の総面積は約一万五〇〇〇haである。主な土地利用は、天水田三六五〇ha、灌漑水田二五〇ha、沼沢地・湿地約七二〇〇ha、養魚池二

アンキンの船着場

〇二〇haとなっている（Sapian Municipality 1998）。これらの数値からもわかるように、水田農業と沿岸漁業が主な産業である。主要農産物としては、コメ、コプラ、水産物としては各種の魚類・甲殻類のほか、養魚池養殖によるバンゴス、エビ類、海面養殖によるミドリイガイ、カキなどがある（口絵❸）。

町は、いずれも沿岸に面する一〇のバランガイから構成されている。私が滞在したアンキン地区は、町の中心にあたるバランガイ・ポブラシオンの西端に位置する集落である。ここにはアンキン川があり、最奥部にバンカを五～一〇隻係留できるコンクリート製の船着場が設けられている。ここは、町の西よりにある各バランガイの漁業者が水産物を水揚げする場所でもある。毎朝、魚商人が集まり、競りで活気づく。集荷された水産物は、地元消費のほか、南部に位置するパナイ島最大の都市イロイロへ出荷されたり、カピス州内のマンブサオ町、ダオ町の公設市場で販売されたりする。

漁具・漁法の変化

●内湾と河川の漁場利用

一九八〇年の調査では、内湾と河川における定置漁具の分布状況を調査することによって、フィリピンの多様な沿岸漁業の一側面および伝統的な沿岸漁場利用形態を明らかにしようとした。二〇〇〇年には、二〇年間の変化を知るために、同じように漁具の分布状況を調べてみた。いずれも、漁船をチャーターし、いくつもの河川・クリークやサピアン湾を航行しながら、あらかじめ準備したベースマップに漁具の敷設場所を記してゆくという方法を用いた。こうして作成した二枚の漁具分布図を比較しながら、漁具・漁法の変化を考えてみよう。

●一九八〇年当時のサピアン漁業

一九八〇年当時、サピアン川からサピアン湾奥にいたる調査範囲内で七種類、一九五基の漁具を確認した。そのうちサゴナンと呼ばれる、エビ類とくに養殖用のウシエビ（ヴィサヤ語でロコン、タガログ語でスグポ、日本ではブラックタイガーとしても知られている）の稚エビを採捕する漁具が八五基（調査総数の四四％）を数えた。サゴナンの構造は、八の字型の垣網と魚とり部

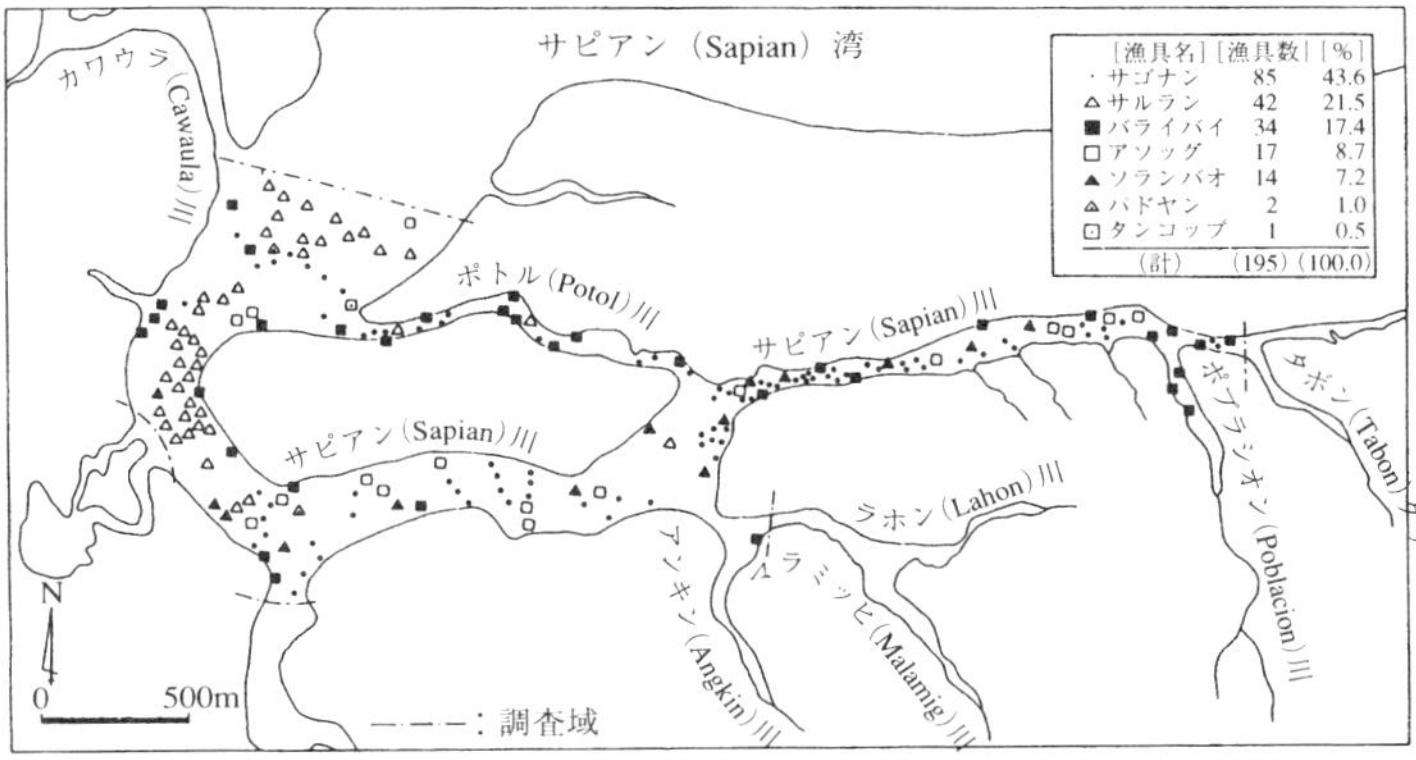

[漁具名]	[漁具数]	[%]
・サゴナン	85	43.6
△ サルラン	42	21.5
□ バライバイ	34	17.4
☐ アソッグ	17	8.7
▲ ソランバオ	14	7.2
△ ハドヤン	2	1.0
◇ タンコップ	1	0.5
(計)	(195)	(100.0)

サピアンの内湾・河川における漁具の分布状況（1980 年 1 月）

もっとも多く見られたのは、エビとり用のサゴナンであった。とくにポトル川がサピアン川から分流するあたりに密に分布する。両河川を遡河するエビを一挙に採捕できるためであろう。張網の一種サルランは、サピアン川河口からサピアン湾奥にかけて集中する。

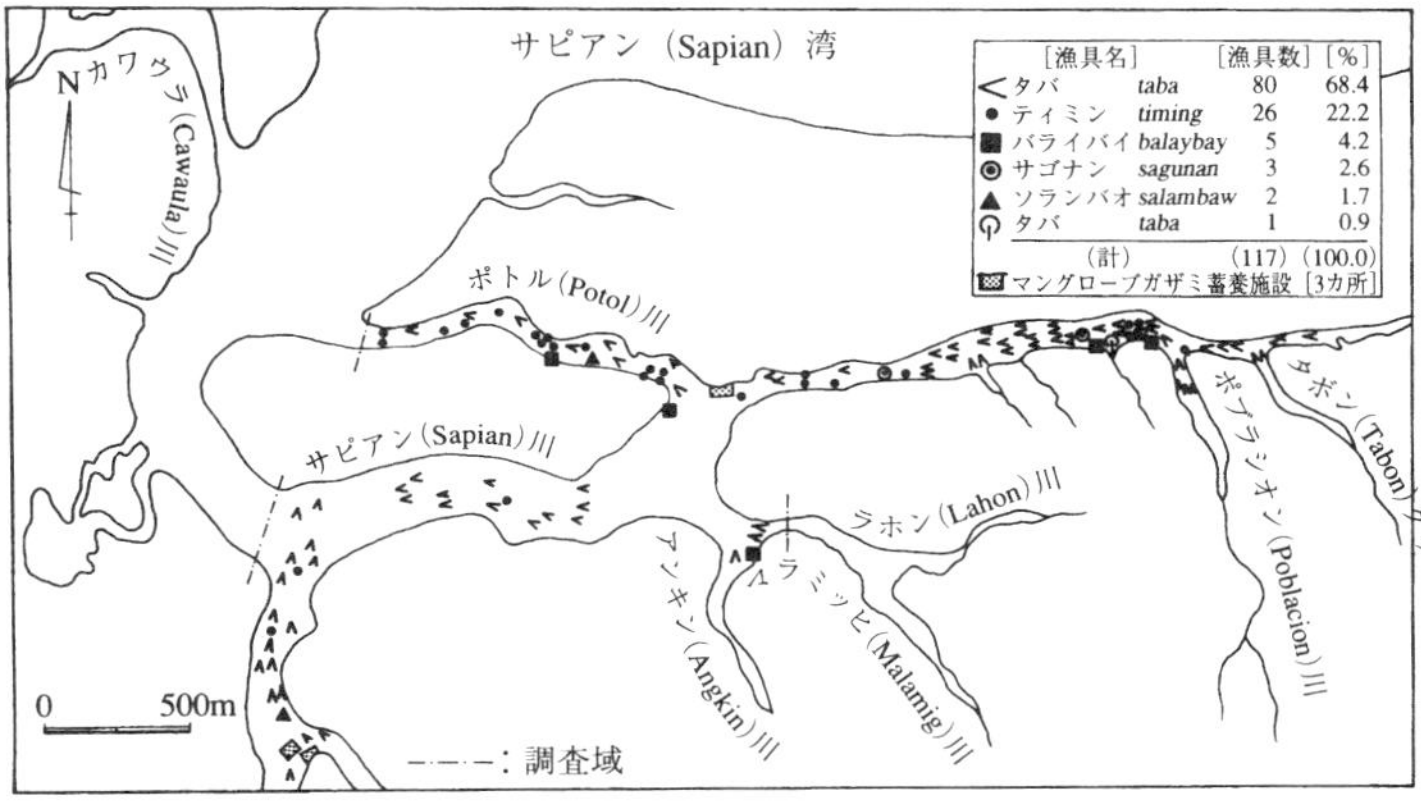

[漁具名]		[漁具数]	[%]
<	タバ taba	80	68.4
●	ティミン timing	26	22.2
■	バライバイ halaybay	5	4.2
◉	サゴナン sagunan	3	2.6
▲	ソランバオ salambaw	2	1.7
◯	タバ taba	1	0.9
	(計)	(117)	(100.0)
▨ マングローブガザミ蓄養施設〔3カ所〕			

サピアン川周辺における漁具の分布状況（2000 年 9 月）

エビをとる漁具は、サゴナンからタバとティミンへ変化した。タバおよびティミンの分布域は、20年前のサゴナンの分布域とほぼ重なる。四ツ手網ソランバオも激減した。河川への土砂の流入で河床が浅くなってしまったことが原因と考えられる。

からなる。垣網は一〇～一五mの太い竹材に化繊漁網を張ったもの、魚とり部は竹製の筏（四×三m）に化繊の袋網を張ったものであった。夜間、上げ潮流とともに遡上するエビを集魚灯によっておびきよせ漁獲した。サゴナンは当時、サピアンに三〇〇基あるといわれていた。

湾奥からサピアン川河口部にかけては、張網の一種であるサルランが集中していた。また、可動式の建干網バライバイの分布状況からは河川・クリークの最奥部まで潮汐の影響をうけていることが明らかとなった。大型の四ツ手網ソランバオも河川に数多く分布する漁具であった。割竹をココヤシの繊維で編んだ紐で結わえた竹簀《たけす》タバを用いてつくられた魞《えり》の一種タンコップは、サピアン川河口部からサピアン湾に

サゴナン（1980年）

サルラン（1980年）

バライバイを使った漁業活動（1980年）

ソランバオ（1980年）

分布しており、調査範囲内では一統見られたにすぎないが、ギブンガン地区には約三〇統が敷設されていた。

●二〇〇〇年の漁具・漁法

二〇年を経過して、漁具の分布状況にはどのような変化が見られたであろうか。図から明らかなように、河川の定置漁具の大部分が、サゴナンから、タバと呼ばれる小型の魞とティミンという小エビを漁獲するかごに変化していた。調査範囲内でタバは八〇基、ティミンは二六基を数え、二つの漁具を合わせると、調査漁具数の九一%を占めた。

●タバ

タバはかつてのように竹簀を意味することはなく、また竹簀を使った漁具を総称するように用いられることもなかった。竹簀は一九八〇年代の後半から化繊漁網に取ってかわってしまったのである。現在のタバは、竹のポールに化繊漁網を張って造ったV字型の垣の部分と、網を敷きこむために造られた竹櫓をさす。漁獲時には櫓の下に入れておいた網を引きあげ、入った魚をたも網ですくいとる。一人で操業が可能である。下げ潮流時に河川を下る魚やエビを漁獲するので、垣は必ず上流側に向かって開いている。主要な漁獲対象は、エビ類、ハゼ、マングローブガザミである。これらは混獲されるものの、エビ類は水底に泥の堆積が少なく、水深が浅いところに多く、ハゼは反対に泥質のところで多く漁獲される。したがって、タバを敷設する場所は主としてねらう対象によって異なるという。

タバでの漁業活動（2000年）

漁具の調達と敷設にかかる費用は約一万五〇〇〇ペソ（一ペソは約二・五円、約三万七五〇〇円）である。このほか町に年間三八〇ペソ（約九五〇円）の漁業税（許可料）を支払う。タバを新規に設ける場合、上流側にタバがすでにある時には、そのタバの漁獲に影響をおよぼさないように、六〇～一〇〇ｍの間隔をあけなければならない。下流側に設ける時にはとくに規制はない。ただし、現在、タバはすでに飽和状態であるという。

タバ漁は、サピアンにある個人漁としてはもっとも安定した収入を得られる漁である。場所さえよければ、月に約三〇〇〇ペソの収入があるという。また、魚類が入っている頃合をみはからって出漁し、到着するとすぐに網をあげればよいので、漁業活動に従事する時間が短く、仕事の量も少なくてすむ。これらが、タバが普及してきた理由と考えられる。

一九八〇年頃に主流であったサゴナンをはじめソランバオ、サルランなどはいずれも夜間の漁で、集魚灯が必要であった。したがって、集魚灯の効果がない満月前後の期間中は休漁しなければならなかった。また、操業には複数名が必要であったし、網を繰りかえし上げ下げしたり、たも網を使って何度も稚魚を採捕したりする必要もあった。いずれもタバに比べると、漁獲効率が悪かったと思われる。

●ティミン

ティミンは、一九八九年頃、サピアンから東へ約四〇㎞に位置するカピス州のピラルから導入されたといわれている。形態は、直径四〇㎝、高さ二〇㎝の円筒形のかごである。割竹でフレームを作り、これに袋状の網をかぶせたものである。側面一か所に直径七㎝の口が設けられている。

幹縄に一・五〜二m間隔で五〇〜一〇〇かごをつけるという。各かごの中には餌となる小魚、小エビとともに、子供の握りこぶし大の石三個を沈子として入れ、夜間に水深二mほどのところにしかけておく。漁獲対象はパサヤンと呼ばれる体長五〜六cmの小エビである。ティミンを使う場合、町へ漁業税を支払う必要はない。

ティミン（1999年）

ティミン漁をする漁業者（1999年）

サゴナンがティミンに切りかえられた理由として、①従来の大がかりな漁具に比べ、竹などの材料が少なくて作れること、②漁業者が長時間にわたって労働力を投下せずにすみ、漁獲効率もよいこと、の二点が考えられる。ただし、ウシエビの

パンガルを持つ少年（1980年）

漁期にあたる一一月から二、三月にかけては、現在でも約五〇基のサゴナンがサピアン川を中心に設けられるという。

●その他の漁具・漁法

ソランバオは、一九八〇年当時はサピアン川の上流域にも見られたが、二〇〇〇年にはほとんど敷設されておらず、調査範囲内に二基確認できたにすぎなかった。近年、漁具数は著しく減少している。漁具の性格上、敷設場所に二、三mの水深が確保されていなければ操業が不可能である。しかし、河床が年々浅くなってきているという。山地の荒廃によって土砂崩れがおき、その土砂が河川に流れこみ、河床に堆積するからである。漁具分布状況の変化から、操業に不向きな水深の浅い場所が拡大していることが理解できる。

河川・クリークでおこなわれるマングローブガザミ漁で使われる漁具にも変化がみとめられた。一九八〇年当時、ガザミ漁の中心はパンガルという筌《うけ》とビントルと呼ばれる小型敷網であった。

ビントル漁をする子供たち（1999年）

パンガルは割竹を籐とナイロン糸で編んだ円筒形の筌である。夜間、または早朝の満潮時に餌を入れて水中に沈めておき、干潮時に引きあげる。一人が一回の操業で一〇～二〇個を仕掛けていた。かつて数多く使われていたが、現在ではほとんど見ることができない。籐が高価で手に入りにくくなったことが減少の理由であるという。

現在では、ビントルが中心である。これは長さ約六〇㎝の割竹二本を弓形に曲げて、そこに約四〇㎝四方のナイロン網をつけた四ツ手網である。これに浮子のついた二・二～二・五ｍの紐がつけられている。操業は夜間か早朝の満潮時におこなわれる。餌をつけたビントルをほぼ等間隔に三〇個ほど水中に入れてゆく。一〇～三〇分間のちに巡回し、鉤《かぎ》のついた棹で浮子を引っかけてひきあげる。ガザミが網の中に入っていればこれを取りこんだ後、網にかかっていない時にはそのままで再び放りこむ。こうして巡回を何度か繰りかえすことになる。全体の漁業活動は一時間三〇分から二時間である。通常、一人が小型のバンカにビントルを積んで操業するが、堤防や川岸を歩きながら放りこんでいく方法もある。

マングローブガザミ漁の中心となったビントルの漁具自体にも変化がみられた。沈子は、かつてはサピアン湾で採取されるサルボウガイの貝殻に穴をあけたもので、これらをフレームの割竹の四隅に通していた。現在はネットにくるんだ親指大の小石に変わりつつある。浮子は、木片から発泡スチロール片あるいはペットボトルの空き容器へと変わっている。

ガザミは通常は活きたまま出荷されるが、小さいものはいったん蓄養し、商品サイズへと成長させてから出荷する。サピアン川周辺にはガザミの蓄養場が三か所設けられていた。これも一九八〇年にはまったく見られなかった生産形態である。

養殖業の変化

●バンゴス養殖

バンゴスは、古くから、マングローブ湿地に造成された池で養殖されてきた。サピアンでも一九三六年から養魚池漁業が開始されている。一九七九年の統計によれば、養魚池の総面積は二〇五〇haにおよんだ。養魚池経営者は当時三九人いたという。二、三人の大所有者を除くと、ほとんどが平均二〇ha前後を所有する経営者であった。

伝統的な養魚池の造成は以下の通りである。まず、湿地に土手を築き水の流入を遮断する。その後、この部分を干しあげる。こうすれば、そこに茂っていたマングローブは枯れてしまう。枯れたマングローブに火を放ち、焼きはらう。燃えのこった根を抜きとることもある。マングローブの灰は池の養分となる。さらに鶏糞や牛糞を入れる。最後に土手に水門をつくり、干満差を利用して河川から導水する。栄養分豊かな池水には大量の植物性プランクトンが繁殖し、これが草食性のバンゴスの餌料となるわけである。ここに稚魚を入れ、養殖が始まる。

大島（一九八一）は、一九八〇年一月のサピアン調査で、養殖業経営者から聞き取りをしている。それによると、この経営

養魚池の取水口

バンゴスの稚魚を養魚池に運ぶ

者は一九七五年以来一〇年間の契約で大所有者から二〇haの池を借りていた。賃料は年間二万一〇〇〇ペソ（一九八〇年当時の一ペソは約三〇円）であった。池は一〇の区画に分け、そのうち三区画を稚魚飼育用にあてていた。稚魚はパナイ島西部のアンティケ州から一〇〇〇尾あたり一〇〇〜一二〇ペソで購入していた。収穫は年二、三回、〇・九〜一kgのサイズを主として地元に出荷していた。kg単価は五〜六・五ペソであった。

サピアンの養魚池の総面積は一九九八年の統計では二〇二〇haであり、二〇年前とほとんど変化がみられない。以下では、二〇〇〇年に聞き取りをした二人の養殖業者の経営状況から近年のバンゴス養殖について述べてみよう。

サピアン出身のA氏はマニラでエンジニアをしていたが、一九九一年父親に呼びもどされ、父が経営していた池を引きつぐかたちで養殖を開始した。池はカピス町に在住する所有者から借りている。経営面積は三〇haである。これを四区画に分け、バンゴスの成長に応じて順に池をかえていくシステムをとっている。

まず、水をはった稚魚飼育用の池に、稚魚を捕食する巻貝を殺すための薬剤を散布する。薬剤はドイツ製で、インドネシアから輸入されているという。五日後に水を抜いたのち、三、四日間、池を干す。つぎに化学肥料を散布し、河川から水を取りいれる。水深は数cmである。七日から一〇日後にはバンゴスの餌となる水生植物（現地ではラブラブと呼ばれる）が繁殖する。

稚魚飼育用の池には約三万尾を入れる。稚魚は、アンティケ州のほか、漁期に応じて、パナイ島の東にあるネグロス島のバコロド、フィリピン最南部のミンダナオ島などから仕入れている。価格は、平均一尾〇・八ペソであるが、稚魚が多く捕獲される六月から八月にかけては〇・五ペソに下落する。

稚魚飼育用の池で約一か月間養殖する。生存率は七五％以上という。その後、水生植物を成長させた第二、第三の池へ移し、おのおの一か月間ずつ養殖する。バンゴスは、第二の池で体長約五、六㎝、第三の池で一〇〜一二㎝まで成長する。バンゴスの成長に応じて池の水位を高めてゆく。水の交換は三〜五日に一回おこなう。第四の池は収穫用に養殖するための池で、ここで一か月間、一尾二五〇ｇにまで成長させる。稚魚を放ってから約四か月で出荷サイズになるわけである。Ａ氏は、一年間に四回の収穫をおこなっている。年間の粗収入は八〇万ペソになるという。

Ｂ氏は女性の養魚池経営者である。ロハス市に在住し、時々サピアンを訪れる、いわゆる不在池主である。実際の池の管理は使用人に任せている。一〇〇haの養魚池を四人で所有している。ここでも四区画によるローテーション型の養殖方法がとられ、これを二セット設けている。私が調査していた九月一〇、一一日には二つの稚魚飼育用池にミンダナオ産の稚魚をそれぞれ二万尾ずつ入れた。Ｂ氏も養殖開始後約四か月で収穫している。出荷サイズは二五〇ｇ、㎏単価は約五〇ペソである。収穫は基本的に二か月に一度の割合でおこなうが、バンゴスの成長が天候に左右されることもあり、年間の収穫回数が五ないしは四回になることもあるという。一回の収穫につき生産量は最高六〇％の生存率で約六t、生産高は三〇万ペソに達する。

バンゴスの養殖方法は、この二〇年間、あまり変化がないように思われる。水門によって河川から水を導く養殖システムは従来と同様であった。しかし、年間の収穫回数が以前にまして多くなっていることから、集約化は明らかに進んでいるといえる。これを支えるのは、様々な薬剤の利用である。一九八〇年当時は、干しあげた池に鶏糞などを投与してから導水し、水生植物を育てていた。これが近年では化学肥料の使用へと変わり、池の富栄養状態をすみやかにつくりだすことができるようになっている。また、養殖に害をおよぼす生物を死滅させ、バンゴスの成育に格好の環境をつくりだすためにも薬剤が投与されているのである。

●ミドリイガイ養殖

フィリピンで最初に商業的なミドリイガイ養殖が開始されたのは今からおよそ五〇年前の一九五五年である（Vakily 1989）。一九八〇年には、サピアン川からサピアン湾にかけての水面でも、当時ブームとなりつつあったこの貝の養殖がおこなわれていた。前述した大島（一九八一）の報告から当時のミドリイガイ養殖の状況についてまとめてみよう。

サピアンでミドリイガイ養殖が開始されたのは、一九七五年であった。イロイロ州のティグバワンに一九七四年に開設された東南アジア漁業開発センター（ＳＥＡＦＤＥＣ）の増養殖部門が、エビ養殖の餌料用として、サピアン湾奥のギブンガンで試験的に養殖を開始したのである。一九七六年には事業化が進み、サピアン試験養殖場が開設されている。事業化に先んじて、フィリピンの財閥であるエリサルデ財団が貝をマニラに輸送し、販売することを試みた。エリサルデは、

垂下式のミドリイガイ養殖（1980年）

竹の棒を使ったミドリイガイ養殖（1999年）

試験輸送の成功でビジネスとしてのミドリイガイ養殖に確信を得て、SEAFDECの試験養殖場の外側に一haの海面を町から借り、養殖を始めた。同じ年、町もギブンガンの対岸に四・〇五haの区画漁業権を設定し、二五〇㎡を一区画とする養殖場一六二区画を設け、これを地元住民に貸しだした。希望者が殺到したことから、翌一九七七年には、町はエリサルデの養殖場の外側にさらに一五・九〇haの養殖場を設けた。一九八〇年一月には約三〇〇人がミドリイガイ養殖を手がけていた。

養殖方法は、竹で櫓を築き、櫓の上から種苗のついたロープをたらす垂下式であった。竹材は半年に一回の割合で交換する必要があったが、当時、すでに不足気味で、西隣のアクラン州やアンティケ州から集荷されていた。また、副業的にミドリイガイ養殖に着手した住民の中には、操業に熱心でないものも多かった。管理が行き届かない区画では、海底に泥がたまる一方となり、それが周辺の区画にまで影響をおよぼすこともあったという。

大島は、ミドリイガイ養殖に関する技術革新について述べた後、こうした技術革新がすでに養殖者自身の経営努力という枠を越えており、政府機関や研究者の高度な指導力と実行力に期するものであることはいうまでもないと指摘している。そして、「一九八〇年という時点でこのように報告し、論じたサピアンのミドリイガイ養殖が、次の五年、一〇年先にどのような形になっているか、期待と不安との交錯した思い」で報告を終えている。

ギブンガンの杭上家屋

ミドリイガイの養殖は、その後すべてエリサルデの経営に移行したが、これも開始から五、六年で消滅した。原因は、マニラ市場への流通機構が整備できなかったことと、竹材の不足であったという。

垂下式の養殖は、一九九九年にはほとんどおこなわれてはいなかった。現在おこなわれている養殖方法は、長い竹の棒を直接海底に突きさし、一一～一月にこれに採苗した天然の稚貝をつけ、約九か月間養殖するという方法であった。収穫する場合には、漁業者が水中に入って竹の棒を抜きとり、竹筏の上にこの棒を引きあげ、付着した貝をこそぎ落とすのである。

町の漁業行政官の話によれば、水揚げされたミドリイガイは現地で加工され、ヨーロッパへ輸出されているという。ミドリイガイ養殖業が衰退する一方で、淘汰されたわずかな部分が輸出志向型漁業として維持されている。

●活魚養殖

サピアン湾奥部、ギブンガンの海岸部ポンタギブンガンには二〇〇〇年現在で一〇軒の杭上家屋がある。このあたりには一九八七年頃から家が建ちはじめた。住民は魚類養殖に従事している。養殖生簀に近く、作業がしやすいためにここに移り住んだという。彼らは共同で二か所の養殖施設を経営している。養殖魚種は、フエダイの一種（サギシハン）とハタ類（ラプラプ）である。ハタ類の小割養殖が開始されたのは一九九六年からである。稚魚はレイテ島のタクロバンから供給される。サギシハンは一尾五ペソ、ラプラプは一〇ペソである。これらを三か月間養殖し、活魚として出荷する。出荷価格はサギシハンが一尾約一五〇ペソ、ラプラプが三二〇ペソとなる。いずれもロハス市を経由してマニラへ送られ、さらに香港、台湾へ輸出される。近年、東南アジアで広く展開する活魚ビジネスがサピアンでも始まっている。

違法漁業と資源管理

サピアン湾ではサピアン町の漁業者と東に隣接するカピス州イヴィサン町の漁業者が、入漁協定に基づいて、ともに漁業を続けてきた。一九八〇年には両町の町長による入漁に関する合意書も交わされている。

ところが、それ以降、隣接するイヴィサン、ロハス、アクランからベビートロールと呼ばれる小型底曳網漁船が入漁し、沿岸から五マイル以内の底曳網禁漁区域で操業しはじめた。また、一九八八年頃からは空き瓶に農薬を入れて導火線をつけた、いわばダイナマイトによる違法な漁業も目だちはじめた。イヴィサンとサピアンの漁業者がこれに関わった。これらの違反操業に対して、サピアン町は湾内のパトロールをおこなうようになった。同じ頃、バンタイ・ダガット委員会に基づくボランティアグループがこの取り締まりに協力した。ダイナマイト漁はパトロールによって湾内から姿を消した。

水産資源に対する無秩序な圧力が強まるなか、一九九二年から一九九三年にかけて、サピアン湾を救うプログラム（Save Sapian Bay Program）が立ちあげられ、一九九四年から一九九五年には町がイニシアチブをとる資源管理政策が徹底された。これはフィリピン政府が推進する漁業資源管理および政府と地域漁業者との共同に基づく資源管理の成果である。

このプログラムは違法操業を取り締まるほか、海岸土壌の侵食を保護する目的でマングローブを植林することも実施している。一九九四、九五年には海岸部五〇haにマングローブが植えられた。それ以降、植林面積は台風の影響で一〇ha以下に減少したものの、引きつづきリハビリテーションが施されている。また、森林伐採によって植生を失った背後の山地部、丘陵部にマホガニーやマンゴーなどを植える事業もあわせて実施している。これは土壌流出を食いとめる役割もある。漁業者によれば、違反操業や乱獲、マングローブの伐採などで失った漁場環境が徐々に改善され、湾内や河川に魚群が戻ってきているという。

サピアン漁業のこれから

サピアンの漁業を、二〇年前の状況と比較してきたが、そこから得た情報はわずかにすぎない。変化をもたらした要因を分析するには、今後、もっと詳しく調査する必要がある。

定置漁具の変化からは、漁獲効率のよさ、投下労働量の少なさ（省力化）などが、漁具の近代化とともに達成されてきたことがうかがえた。これらを定量的に把握する必要があるだろう。そのためには、各漁家がどのような漁具を所有しているのか、担い手は何人か、さらには、漁業労働の季節性、漁業活動時間、各漁家の漁獲量と収入などを明らかにする必要がある。また、多くの漁家は、農業にも従事しているし、他の職業にも関わっている。サピアン町には集村的な漁業コミュニティーが形成されているわけではないので、悉皆調査には限界があるが、サンプリング調査をするにしろ、その方法についてあらためて議論しなければならない。

ハタ養殖は、近年、東南アジアの各地でおこなわれている活魚輸出との関連でみてゆく必要がある。漁業者の進出と投下資本の問題、稚魚の確保と活魚の流通機構の解明など、新しい養殖漁業についても今後の研究課題は多い。

地方自治体による管理が浸透しつつある事例が、バンタイ・ダガット委員会の活動などによってわかった。しかし、組織が実際にどのように運営され、漁業者が行政側の政策とどのように関わってきたのか、そして漁業者は漁場環境に対してどのような伝統的な生態学的知識を持っているのか調べる必要もある。

二〇年の変化は、私をひとつの結論へと導くものではなかった。それは、自らが研究テーマとしてきたことをフィールドで振りかえり、これから進めなければならない調査研究の内容を確かめる作業のように感じられた。

参考文献

赤嶺淳 一九九九「南沙諸島海域におけるサマの漁業活動――干魚と干ナマコの加工・流通をめぐって」『地域研究論集』二―一二

赤嶺淳 二〇〇〇「ダイナマイト漁に関する一視点――タカサゴ塩干魚の生産と流通をめぐって」『地域漁業研究』四〇―一

秋道智彌 一九九五『海洋民族学』東京大学出版会

秋道智彌 一九九六「インドネシア東部における入漁問題に関する若干の考察」『龍谷大学経済学論集』三五―四

石毛直道、ケネス・ラドル 一九九〇『魚醤とナレズシの研究』岩波書店

岩切成郎 一九八八「漁業」滝川勉編『新・東南アジアハンドブック』講談社

大島襄二 一九八一「サピアン湾におけるミドリイガイ養殖」広島修道大学フィリピン調査プロジェクト編『日本・フィリピン内海地域の比較調査報告』広島修道大学総合研究所

加藤剛 一九九三「民族誌と地域研究――「他者」へのまなざし」矢野暢編『講座現代の地域研究一　地域研究の手法』弘文堂

川崎勇三 一九九六『東南アジアの中国人社会』山川出版社

後藤明 二〇〇三『海を渡ったモンゴロイド』講談社

須田一弘 一九八七「ニシンが去ってからの漁撈活動――焼尻島漁民の選択」『季刊人類学』一八―三

瀬尾重治 一九九七「マレーシアの養殖事情（上）——国土・社会・養殖の概要、サバ州の海水魚養殖」『養殖』三四－九
多屋勝雄 一九九六「乱獲漁業と奪われる水産資源」『世界』六二九
田和正孝 一九八一「パナイ島北部、サピアンにおける沿岸漁業の漁具・漁法」広島修道大学フィリピン調査プロジェクト編『日本・フィリピン内海地域の比較調査報告』広島修道大学総合研究所
田和正孝 一九九二「マレー半島西海岸の商業的漁業地区における漁場利用形態——ジョホール州パリジャワの事例」『人文地理』四四－四
田和正孝 一九九五「華人漁民の世界——マレー半島」秋道智彌編『イルカとナマコと海人たち』日本放送出版協会
田和正孝 一九九六「国際海峡の漁業景観——小規模漁民による水産資源利用の諸相」杉谷滋編『アジアの近代化と国家形成』御茶の水書房
田和正孝 一九九七『漁場利用の生態』九州大学出版会
床呂郁哉 一九九九『越境』岩波書店
飛山百合子 一九九七『香港の食いしん坊』白水社
長津一史 一九九六「セレベス海域サマ人の移動・交流小史——ココヤシを運んだ海民たちを追って」山田勇編『フィールドワーク最前線——見る・聞く・歩く』弘文堂
長津一史 一九九七「海の民サマ人の生活と空間認識——サンゴ礁空間 *t'bba* の位置づけを中心にして」『東南アジア研究』三五－二
羽原又吉 一九六三『漂海民』岩波書店
古川久雄 一九九六「南・東南スラウェシの沿岸村落」『東南アジア研究』三四－二
村井吉敬 一九八八『エビと日本人』岩波書店

門田修 一九八六『漂海民——月とナマコと珊瑚礁』河出書房新社
矢野敬生 一九九二「フィリピン・パナイ島における漁撈文化の諸類型」『族』一八
藪内芳彦 一九六九『東南アジアの漂海民』古今書院
山尾政博 一九九七「東南アジアの沿岸漁業管理をめぐる潮流——Community-based Approach から Co-management へ」『地域漁業研究』三七-三
山尾政博 一九九九「アジア経済危機と水産業——タイ水産業の成長と葛藤」『漁業経済研究』四四-二

Acheson, J. 1988 "Patterns of Gear Changes in the Marine Fishing Industry", *Maritime Anthropological Studies*, 1-1.
Feeny, D., Berkes, F., McCay, B., and Acheson, J. M. 1990 "The Tragedy of the Commons: Twenty-Two Years Later", *Human Ecology*, 18.
Hardin, G. 1968 "The Tragedy of the Commons", *Science*, 162.
Hornell, J. 1950 *Fishing in Many Waters*, Cambridge University Press.
Jomo, K. S. 1991 *Fishing for Trouble: Malaysian Fisheries, Sustainable Development and Inequality*, Institute for Advanced Studies of Malaysia.
Ooi, J. B. 1990 *Development Problems of an Open-access Resource: The Fisheries of Peninsular Malaysia*, Institute of Southeast Asian Studies.
Phattareeya, S. 1999 "Community-based Fisheries Management: Case Study of Two Thai Villages", *Aquaculture Asia*, April-June.
Pomeroy, R. S. 1995 "Community-based and Co-management Institutions for Sustainable Coastal Fisheries Management in Southeast Asia", *Ocean & Coastal Management*, 27-3.

Pomeroy, R. S. and Carlos, M. B. 1997 "Community-based Coastal Resource Management in the Philippines: A Review and Evaluation of Programs and Projects 1984-1994", *Marine Policy,* 21-5.

Sapian municipality ed. 1998 *Sentenaryong Kapistahan et Sapian Hulgo,* Sapian municipality.

Smith, I. R., Puzon, M. Y. and Vidal-Libunao, C. N. 1980 *Philippine Municipal Fisheries: A Review of Resources, Technology and Socioeconomics,* ICLARM and Fishery Industry Development Council.

Sopher, D. E. 1965 *The Sea Nomads,* National Singapore Museum.

Vakily, J. M. 1989 *The Biology and Culture of Mussels of the Genus Perna,* ICLARM Studies and Reviews 17, International Center for Living Aquatic Resources Management.

White, W. G. 1997 *The Sea Gypsies of Malaya,* White Lotus.

あとがき

二一世紀を迎え、世界の漁業は「責任ある漁業」という考え方に基づいて動きはじめている。これは、漁獲、資源管理、流通機構、小売業など、漁業の生産と消費をめぐるすべての面において責任ある行動がとられなければ、今後の漁業の持続力を保証できないという思想である。海外からの輸入水産物が急激に増加してきた日本においても「責任ある漁業」に対して突きつけられる問題は多い。

問題の解明を進めるなかで、情報量がもっとも欠落している部分が、生産の現状、とくに発展途上国で漁業をになう小規模漁業者の生活や経済などの状況ではないだろうか。インドネシア地域研究を続ける村井吉敬は、かつて『エビと日本人』(一九八八年)という書物のなかで、日本の食卓と関わりの深い東南アジアのエビ養殖業をふまえて、「エビを獲り、育て、加工する第三世界の人びととエビ談義ができるような、生産者と消費者のあいだの、顔のみえる付きあいを求めてゆきたい」と述べた。生産者と消費者との関係を一本の川にたとえてみた時、川下で消費生活をしている人びとと川上で生産をになう人びとは互いに影響を及ぼしあうはずである。そのことを認識し、川下の者が生産に直接関わる人びとの社会や生活様式を知ることは、地域を理解する糸口となる。それのみならず、様々なポジションで漁業に関わる人びとが、漁業に対して責任ある行動をおこすことにもつながるはずである。

本書は、このような考えに基づいて、これまで調査した沿岸漁業地域の実情を報告したものでもある。ただし、自らの力量不足から十分な聞き取りや観察などができていないため、地域の実態や漁業者の姿を正しく伝えられなかったかもしれない。その責任はすべて私にある。ここまで読みすすめてくださった方々にご批判、ご叱正をいただければ幸いである。

さて、本書は、一九九〇年代後半から二〇〇〇年代前半に書いた論文や報告などに加筆、修正を加えたのち、再構成したものである。以下に初出一覧を掲げておく。

●序章

「陸棚海」京都大学東南アジア研究センター編『事典東南アジア――風土・生態・環境』弘文堂、一九九七年、八一~八二ページ。

「アジア・太平洋の小規模漁業と資源管理」秋道智彌・田和正孝『海人たちの自然誌』関西学院大学出版会、一九九八年、一七~三二ページ。

「漁業というフィールドからの発信――技術の選択と女性労働」『関西学院創立一一一周年文学部記念論

文集』関西学院大学文学部、二〇〇〇年、四五～六三ページ。

「東南アジアの漁業」藤巻正己・瀬川真平編『現代東南アジア入門』古今書院、二〇〇三年、一一五～一三二ページ。

●第1章

「マラッカ海峡の資源をめぐるコンフリクト――華人漁村パリジャワのかご漁」秋道智彌・岸上伸啓編『紛争の海――水産資源管理の人類学』人文書院、二〇〇二年、六〇～八三ページ。

●第2章

「東南アジアにおける海洋資源の管理――南タイのフィールドから」『民博通信』九一、二〇〇一年、四～一五ページ。

●第3章

「ハタがうごく――インドネシアと香港をめぐる広域流通」秋道智彌・田和正孝『海人たちの自然誌』関西学院大学出版会、一九九八年、三三～五五ページ。

●第4章

「半島マレーシアにおける塩干魚の生産」『南方文化』二六、一九九九年、一～二一ページ。

●第5章

「トップダウンかボトムアップか、それとも?」地域漁業学会会報特集号『地域漁業学会の発展にむけて』一九九六年、三〇～三三ページ。

「変わる海口――半島マレーシア、ジョホール州パリジャワ漁村の変貌」『人文論究』四九―二、一九九九年、八七〜一〇四ページ。

●第6章

「フィリピン、パナイ島サピアンにおける沿岸漁業の変容——水産資源の利用と管理に関する基礎研究」『関西学院史学』二九、二〇〇二年、七九〜一〇一ページ。

これらの調査・研究をすすめるにあたっては、以下の研究費を得た。

・文部省平成六〜八年度科学研究費国際学術研究「アジア海域世界における環境利用とその現代的変容の研究」（研究代表者　秋道智彌、課題番号　〇六〇四一一二七）

・財団法人味の素食の文化センター平成九年度食文化研究助成「マレー半島における塩干魚製造と製品の流通——複合民族社会における加工魚の利用」

・関西学院大学一九九八年度学院留学「西南太平洋における沿岸漁場利用と資源管理」

・文部省平成一〇〜一二年度科学研究費補助金基盤研究A（2）「東南アジアの湿地帯における資源と経済——開発と保全の生態史的研究」（研究代表者　秋道智彌、課題番号　一〇〇四一〇五一）

・日本学術振興会平成一一・一二年度アジア諸国拠点大学方式学術交流（水産分野　鹿児島大学およびフィリピン大学ビサヤス校）「フィリピンにおける水産資源の利用管理に関する調査および基礎研究」

・関西学院大学二〇〇〇年度個人特別研究費「アジアの沿岸漁業における資源管理論・漁場認識論・漁具漁法論再考」

・日本学術振興会平成一三・一四年度科学研究費補助金基盤研究B（1）「東・南シナ海の沿岸地域における水産資源の利用とそれをめぐる民族ネットワークの研究」（研究代表者　田和正孝、課題番号　一三四八〇〇一八）
・日本学術振興会平成一三〜一五年度科学研究費補助金基盤研究A（2）「ウォーラセア海域における生活世界と境界管理の動態的研究」（研究代表者　パトリシオ・N・アビナウレス、課題番号　一三三七一〇〇七）

以前、漁村の活性化を考えるにあたって、兵庫県の瀬戸内海側にある三つの漁業協同組合の組合長に話を聞く機会があった。私が、各地の漁業生産について十分に把握できない現状での活性化や水産物直売所の開設などについていくつかの意見や考えを話したところ、組合長のひとりが、私の意見は大学あるいは机上で考えた「漁村の活性化」であると批判し、続けて「うちへやって来て、漁師と一緒に汗をかいてみないか」と求めた。そのことはいまだ実現していないが、生産者自身から発せられた、フィールド（現場）を大切にしろという言葉は強く胸に刻まれた。

久しく歩いてきた東南アジアの漁村で、はたして漁業者とともに汗をかいてきたかと自らに問うと、はなはだ心もとない。地元に益する提言ができたわけでもない。二〇〇四年一二月にはインド洋大津波が起こり、沿岸各国は甚大な被害を受けた。本書で歩いた南タイやマレー半島にも惨事がひろがった。地域復興が本格的に進められるのはこれからである。漁業地理学者も、復興に際して汗をかかなければならないことを肝に銘じたい。二〇〇五年三月には、マラッカ海峡で日本のタグボートが海賊に襲われた。越境漁で取りあげたことと同じ状況がたちあらわれた。東南アジアの海で様々なことが起こっている。身勝手だが、本書が再びフィールドで「東南アジアの魚とる人びと」について考えるための指針になればと思う。

現地調査では、数多くの漁業者の皆さん、行政官の方々、大学・研究機関の研究者の方々に出会い、たくさんのことをご教示いただいた。一人ひとりのお名前を掲げることはできないが、お世話になった皆さんに心よりお礼を申しあげます。また、構成や文章表現などについて多くのアドバイスをくださったナカニシヤ出版編集部の吉田千恵さんに感謝申しあげます。

本書を執筆するにあたっては関西学院大学二〇〇四年度個人特別研究費（研究課題「東アジア・東南アジアにおける伝統漁業の変容と存続をめぐる地理学的研究」）の一部を使用した。ご支援くださった大学当局にも心より感謝申しあげたい。

二〇〇五年四月

田和正孝

■著者略歴
田和正孝（たわ・まさたか）
1954年　兵庫県生まれ。
1981年　関西学院大学大学院文学研究科博士後期課程単位取得退学。博士（地理学）。
現　在　関西学院大学文学部教授。漁業文化地理学専攻。
著　書　『変わりゆくパプアニューギニア』（丸善，1995年），『漁場利用の生態——文化地理学的考察』（九州大学出版会，1997年），『海人たちの自然誌——アジア・太平洋における海の資源利用』〔共著〕（関西学院大学出版会，1998年），他。

【叢書・地球発見２】
東南アジアの魚《うお》とる人びと

2006年２月１日　初版第１刷発行　（定価はカバーに表示しています）

著　者　田　和　正　孝
発行者　中　西　健　夫

発行所　株式会社　ナカニシヤ出版
〒606-8161　京都市左京区一乗寺木ノ本町 15
TEL（075）723-0111
FAX（075）723-0095
http://www.nakanishiya.co.jp/

© Masataka TAWA 2006
印刷／製本・太洋社

落丁・乱丁本はお取り替えいたします
Printed in Japan
ISBN4-7795-0002-8　C0325

叢書 地球発見

企画委員 … 千田　稔・山野正彦・金田章裕

1 地球儀の社会史 —愛しくも，物憂げな球体—	千田　稔	1,700円
2 東南アジアの魚《うお》とる人びと	田和　正孝	1,800円
3『ニルス』に学ぶ地理教育 —環境社会スウェーデンの原点—	村山　朝子	1,700円
4 世界の屋根に登った人びと	酒井　敏明	1,800円
5 インド・いちば・フィールドワーク —カースト社会のウラオモテ—	溝口　常俊	1,800円
デジタル地図を読む	矢野　桂司	
近代ツーリズムと温泉	関戸　明子	
東アジア都城紀行	高橋　誠一	
地図で教える国際教育	西岡　尚也	
世界を写した明治の写真帖	三木　理史	

定価1,500〜2,000円・四六判並製・平均200頁・巻数のついていないタイトルは仮題。以下続刊。刊行順不同。表示は本体価格です。